# 基础性运动与篮球发展

姚 思 著

黄 河 水 利 出 版 社

·郑 州·

图书在版编目(CIP)数据

基础性运动与篮球发展 / 姚思著. —郑州:黄河水利出版社, 2022.6

ISBN 978-7-5509-3293-7

Ⅰ. ①基… Ⅱ. ①姚… Ⅲ. ①篮球运动-发展-研究-世界-现代 Ⅳ. ①G841

中国版本图书馆 CIP 数据核字(2022)第 088549 号

---

出版社:黄河水利出版社　　网址:www. yrcp. com

地址:河南省郑州市顺河路黄委会综合楼 14 层　邮政编码:450003

发行单位:黄河水利出版社

发行部电话:0371-66026940、66020550、66028024、66022620(传真)

E-mail:hhslcbs@ 126. com

承印单位:河南瑞之光印刷股份有限公司

开本:890 mm×1 240 mm　1/32

印张:7

字数:157 千字

版次:2022 年 6 月第 1 版　　印次:2022 年 6 月第 1 次印刷

---

定价:48.00 元

# 前　言

本书主要提炼总结了一个在体育界广泛适用的理论——基础性运动理论。用这个理论可以解释体育界的很多问题，比如在篮球领域，可以很好地阐述分析当今世界篮球的两大主要流派——橄榄球式篮球和足球式篮球，也就是传统意义的美式篮球和欧式篮球。书中详细分析比较了两种篮球的风格特点和优劣。

书中还列举了众多篮球巨星，比如纳什、科比、詹姆斯等，并分析了他们的成长经历。读者可以更深层地了解到他们崇拜的巨星何以达到如今的成就。

此外，书中还分析了中国篮球现状和亚洲区域的主要竞争对手，也给出了中国篮球知名球星的案例，比如姚明、巩晓彬等，分析他们的成功经验。此外，对于中国篮球未来的发展道路，作者也表达了自己的看法。

本书的出版将为篮球体系提供全新的发展理念，在此希望中国篮球走上发展快车道。

作　者

2022 年 1 月

# 目录

# 第一章 基础性运动的概念

世界上有数量繁多的运动项目,以北京奥运会为例,就有 28 个大项,302 个小项。各个运动在各个国家的开展普及程度不尽相同,受限于各国家各地区的历史传统、地理风貌、经济发展水平等。比如北欧冰雪运动非常发达,挪威、瑞典都是冰雪运动强国。在非洲,长跑运动则极为兴盛,埃塞俄比亚、肯尼亚等国在长跑项目上都有耀眼的表现……

有些运动项目则在世界上广受欢迎,比如世界第一运动足球,在很多国家几乎所有的男孩子都会参与到足球运动中来。在这些国家,人们在参与足球运动的同时,也会参与其他的一些运动项目,比如篮球、排球、网球、橄榄球、游泳、射击、搏击、体操等。而且很多运动员会同时涉足多个运动项目,我们称之为“多栖运动员”。那么,一个国家比较盛行的不同运动项目之间,或者一个运动员参与的多个运动项目之间,会不会相互影响,从而导致一个运动项目的表现明显带有另一个运动项目的痕迹特征呢？答案是肯定的。比如,一名篮球运动员通过参加力量举运动,可以显著提升力量水平,进而使他在打篮球的时候对抗能力更强,投篮力量更足,射程更远。或者,通过参加短跑运动提高爆发力,让他在打篮球时,移动速度更快、更加灵活。再比如,很多项目的运动员都会通过参加中长跑运动来提高基础体能,这些都有助于自己专长项目的发挥……下面提出一个理论来概括描述体育运动项目之间相互影响的规律,即基础性运动理论或者体育基础论。

基础性运动理论阐述了一个广泛存在于体育界的现象。通俗地说就是一项体育运动会影响到另一项体育运动,导致另一项体育运动明显带有该运动的痕迹和表现,从而产生特定风格的比赛样式。一项运动会显著影响其他运动的比赛样式、风格打法,提高参与者各种身体素质机能、意志品质、运动智商等,客观上起到打基础的作用,因而叫作基础性运动。基础性运动可以简单地理解为影响面比较广的"综合性辅助训练手段"。基础性运动理论的影响无处不在,比如巴西桑巴足球、西班牙斗牛士军团等。对于那些"多栖运动员",这种影响则更加明显。

成为基础性运动的条件是什么?首先是其对于参与者的身体机能具有显著提升作用。所谓身体机能,包括速度、力量、爆发力、耐力、柔韧性、协调性等。其次,基础性运动对人的精神层面或者说"情商心智"方面,同样有很大帮助,比如心理素质、意志品质、团队协作精神、战术意识、场上洞察力、求胜欲等。基础性运动之所以能成为参与众多其他运动项目的基础,还在于基础性运动可以深刻影响其他运动项目的比赛形式和技战术。其他运动项目的参与者可以通过深入学习和参与基础性运动,汲取很多非常有用的养分,帮助自己在当下的运动项目中提高竞技水平,重新理解自己当下参与的运动,从而突破原来身体机能或者技术意识上的瓶颈,在体育竞技中取得优势并获胜。这就要求基础性运动不仅要在身体素质、精神层面给予参与者显著的提升,还要在运动技巧、理念上给予参与者有益的启迪,比如对机会的敏锐嗅觉和把握能力、配合意识、对技术运用的合理程度、利用比赛规则的能力等。基础性运动的影响应该是全面而广泛的,之前举例提到的力量举运动、短跑运动、中长跑运动,并不属于打篮球的基础性运动。因为这些运动只是局部地提高运动员部分机能素质,仅适合作为必要的辅助训练手段而已。

基础性运动理论的现实依据是什么?一项体育运动往往会强调参与者某一方面的能力素质和技能,强化锻炼参与者某一部分的肌肉群。参与者在其他方面的运动技能、身体机能、技战术意识等可能由于用得不频繁,或能力开发不够,成了自己身体机能或技战术方面的短板,限制了自身竞技水平和成绩的进一步提升。此时,就需要通过参与其他运动来专项强化某方面的运动技能、技战术意识或身体机能。与此同时,一项运动会有自身完善而独特的技战术理念和对运动员的特殊要求,如果将一项运动的技战术理念嫁接移植到另一项运动中,可能会达到意想不到的效果,这在技战术理念方面处于领先地位。

世界上很多优秀运动员都是“双栖运动员”,甚至“三栖运动员”,他们从小涉足的运动可能并非后来为人们所熟知、闪耀世界的运动项目,但这些项目却对他们未来的成功起到巨大的推动作用。比如撑竿跳女皇伊辛巴耶娃,曾 28 次打破室内、室外撑竿跳世界纪录,是首位越过 5 m 大关的女运动员,两次夺得奥运会金牌,2004 年和 2005 年伊辛巴耶娃连续两年被评为国际田联最佳女运动员，并且获得劳伦斯最佳女运动员奖。伊辛巴耶娃能取得如此光彩夺目的成就，与她的天赋和努力是分不开的，同时也与她之前参与的运动项目——艺术体操有关。在她 10 年的艺术体操生涯中，李宁是她的偶像。可以说参与艺术体操运动，赋予伊辛巴耶娃无与伦比的身体协调性、柔韧性，让她能找到舒服的发力方式，完美无瑕地越过横杆。

世界足坛巨星伊布拥有高大魁梧的身材，与此同时他的身手也非常灵活，经常能完成匪夷所思的进球。2013 年他的一个禁区外倒钩破门更是技惊四座，被评为 2013 年最佳进球。翻开伊布的成长履历，一段特殊经历映入眼帘——他是跆拳道黑带五段，从 5 岁开始练习跆拳道，至今仍未停止。可以说正是习练跆拳道的经历，让伊布腿法得到极大的锻炼，使他可以轻易完成各种高难度的触球射门动作。中国的 U 型池单板滑雪名将、平昌冬奥会单板滑雪 U 型池赛银牌得主刘佳宇早年曾习练武术，在谈及习武经历对她的帮助时，刘佳宇说练武让她的身体更加灵活。实际上，练武不仅让她更加灵活敏捷，动作优雅舒展，而且让她更有表演欲，在重要的比赛中敢于发挥，这也是她能保持稳定且成绩出众的原因之一。

基础性体育运动的影响绝不止于体育运动项目，实际上，在人类社会的各个领域都能发挥其独特的作用。比如滑铁卢战役后，英军主帅惠灵顿曾语出惊人——滑铁卢战争是在伊顿公学的操场上打赢的。由此可见，学生时代竞技场上的各种技战术的操练运用，对这位伟大将军后来军事谋略思维的养成起到了至关重要的作用。纽约证券交易所的金融精英们很多都曾是大学时期棒球等运动项目中的佼佼者。参与体育运动让他们精力充沛,深谙竞争法则,有敏锐的市场嗅觉和出色的把握机会的能力。在文化领域同样能看到体育运动对文化修养的影响,如杜甫的《观公孙大娘弟子舞剑器行·并序》中记载这样一个故事,“昔者吴人张旭,善草书帖,数常于郾县见公孙大娘舞《西河剑器》,自此草书长进,豪荡感激”。可见古代书法家张旭是在观舞剑的反思激励下,使自己的书法得到大幅精进。

回到体育范畴,总的来说,当一名运动员一直从事单一的体育运动,其技战术理念往往局限于一个小的领域,到达一定阶段后,就很难取得能力和战绩上质的飞跃,导致水平徘徊不前,难以进一步突破。单一的运动项目对身体的训练效果也往往很片面,比如只是强化一部分肌肉群或身体机能,或注重技巧,而不注重体能等,在技术和比赛成绩上就容易遇到瓶颈。当他希望在竞技水平上有所提高,或在风格打法上转变时,如果仅仅是简单重复地在原有基础上训练,可能收效甚微。此时如果他开阔视野,更多地参与其他关联性的运动,那么他可能会看到新的天空。运动员可以从其他相关联的运动项目中吸收到更多有益的养分,比如新颖的技战术理念、训练方法、比赛方式等,通过参与其他相关的运动也能强化身体素质,提高战术素养、技术运用的合理性、机会的把握能力等。当运动员具备了这些技术或能力,再回头从事原有的运动项目时,往往会有不同于以往的体验,水平能力也会快速提升,从而起到事半功倍的效果。在个人项目上是这样,在团体项目上同样如此。

对于一个国家来说,也存在该国的基础性运动。一国的基础性体育运动就是在一个国家体育运动体系中起基础作用的运动项目。一国的基础性运动不仅要在该国普及范围广、历史悠久、有较高的竞技水平，而且要能影响和塑造该国民众的肉体和灵魂，起到“强国强种”的作用，并影响到该国其他运动的运动风格。基础性运动及其相关活动也是该国文化乃至民族精神的重要组成部分。

一个国家的“第一运动”不一定就是基础性运动。一国的“第一运动”，往往是那些群众基础好、在该项目上竞技水平较高的项目。但是，这些运动项目未必对该国国民的身体素质有明显的提升作用，也无法塑造国民品性，或者提升技战术素养等，因此就无法在参与者参加其他运动项目时给以帮助。比如，中国的“国球”乒乓球就不太适合作为我国的基础性运动。乒乓球运动虽然在中国群众基础非常好，获得世界大赛荣誉无数，运动员竞技水平也非常高，但乒乓球除了能提高人的观察能力、反应速度、灵活性外，对于其他身体能力素质的提升有限，仅适合平时的休闲娱乐。且由于是单人运动（尽管也有双打比赛），对于球员技战术意识的提高也不明显。再比如，印尼的“国球”羽毛球也不足以作为印尼的基础性运动，因为羽毛球对人的身体素质、技战术素养等的提升作用同样不明显，印尼在羽毛球以外的其他项目上也鲜有突出表现。而一些看似小众却根植于一国民族文化中，且对于国民性、身体能力、技战术意识等有明显帮助作用的运动项目，就可以作为基础性运动，比如西班牙的斗牛、澳大利亚的澳式橄榄球运动等。

# 第二章　世界上几个国家典型的基础性运动

## 第一节　西班牙基础性运动——斗牛

斗牛是西班牙的传统运动项目。每逢重大节日都会举行斗牛表演，届时王室贵族、社会名流都会涌到斗牛场，欣赏斗牛士的精彩表演。在西班牙，成为斗牛士几乎是每个男孩子的梦想，餐厅的服务员也会拿着桌布作为斗篷扮演斗牛者。西班牙人为了体验在公牛面前的惊险刺激，还会举办奔牛节，届时很多人会冒着生命危险跑在公牛前面寻求刺激，展示自己的勇气和技巧。

西班牙是运动强国，是足球、篮球两项运动的世界冠军国，在其他一些项目上，如网球、自行车等也占据非常重要的地位。为啥偏偏未进入世界运动项目主流，甚至屡遭非议的斗牛却能成为西班牙的基础性运动呢？因为斗牛运动是西班牙民族文化的重要组成部分，也是民众生活中不可或缺的一部分，深刻影响了西班牙人的民族性格。可以说斗牛塑造了西班牙人，自然也会在其他运动项目上留下鲜明的斗牛印记，比如西班牙团体项目的代表队往往被称为“斗牛士军团”，可以说斗牛是西班牙能成为足球、篮球双料世界冠军的重要原因。

以足球为例，西班牙球员往往脚下技术华丽，主打攻势足球。最有代表性的就是主打 Tiki-Taka 的巴塞罗那足球俱乐部了。巴萨球员往往凭借娴熟细腻的脚法，将球控制在本方脚下，掌控比赛节奏。对方尽管竭尽全力拼抢，也难以将球抢断。而一旦对手拿球，巴萨球员则会立即紧逼防守，将球权抢走。巴萨球员会通过耐心传倒，抓住对手防线空当，创造破门机会。巴萨球员的风格如同斗牛士在斗牛表演中那样优雅从容，始终将愤怒的公牛玩弄于股掌之间，而且不时地展露高超的控球、传球技艺，博得在场观众的欢心。在西甲的很多比赛中，当比赛出现精彩场面时，观众会挥舞起白手帕，而挥白手帕正是斗牛场上观众对斗牛士表演认可欣赏的一种方式。可以说传控的打法是西班牙球队的通行打法，巴萨只是将这个打法演绎到极致。“梦三”时代的巴萨中前场的几名球员，如伊涅斯塔、哈维、梅西、比利亚等球员都是身材不高，在 1.7 米左右，但脚法细腻、意识出众。这与斗牛士的形貌特征也非常相似。斗牛士一般都是精悍英俊，与体型庞大的公牛对阵，更显得技艺高超、胆量过人。

西班牙的球队不仅进攻华丽、行云流水，其防守也是固若金汤，让对手很难有好的机会。这也源于斗牛士的一些优秀品质。在斗牛表演中，斗牛士始终是主角，不管公牛如何拼命顶撞，斗牛士都可以轻松化解，让公牛扑空。西班牙男足球员在防守中有着良好的预判能力，对手很难轻易击穿本方防线，不过这种防守在过去也曾被嘲讽为“靠眼神防守”。比如原贵州人和的西班牙外援纳诺，就是这样一位防守意识极为出色的球员，防守果断精准，抢断成功率很高，是贵州人和后方的一大屏障。

斗牛士的最强绝技还是在于一剑刺杀公牛。在斗牛表演行至尾段，公牛已经因为被插入数支花标而流血过多，加之在斗牛士的频繁挑逗戏耍下愤怒地冲顶，消耗了大量体力，此时已是气喘吁吁，甚至对于斗牛士的百般挑逗也懒于理会，于是公牛刺杀表演就此开始。斗牛士手握利剑，藏于斗篷后面，当公牛禁不住挑衅，再一次向斗牛士发起冲顶时，斗牛士在公牛冲过来的瞬间，轻巧地闪到公牛侧方，瞄准公牛背脊部，一剑直插心脏。如果刺杀精准，公牛会轰然倒地。此时斗牛士会高举帽子，享受全场的欢呼和白手帕。西班牙斗牛士一击致命的能力在2010年南非世界杯上得到很好的展现，西班牙队在七场比赛中一共才打进八球，不过每一球都是关键的制胜进球，西班牙队总能适时发动致命一击。西班牙队在南非世界杯上仅丢两球，说明了西班牙队防守的稳固。

如果将一届足球赛事比作一场斗牛表演，那么最终的决赛显然就是斗牛中的刺杀公牛，其使表演完美收官。不管是篮球还是足球，西班牙队在赛事的初期往往表现得不尽人意，一度不被看好，但随着赛事的深入，西班牙队会越发进入状态，渐入佳境。比如在南非世界杯上，西班牙首场被瑞士逼平，但在之后的小组赛中两连胜，顺利进入16强，紧接着一路过关斩将，杀进决赛。当西班牙进入决赛后，整个球队似乎蜕化升级到另一种超强的竞技状态，因为斗牛士们要为观众上演斗牛表演的最高潮——刺杀公牛，所以西班牙往往是决赛胜利的一方，比如两届欧洲杯和一次世界杯，西班牙最终都问鼎冠军。在2014年欧洲杯决赛前，就有人说西班牙队似乎一直在准备最终的决赛，而西班牙队的对手意大利队似乎一直在打最后一场比赛。当决赛来临时，比赛变成了一边倒的屠杀：4∶0，西班牙队面对意大利队的强硬防守，以摧枯拉朽之势毫无悬念地赢得比赛，卫冕欧洲杯。

相比足球，篮球更能展现西班牙斗牛士的精湛射术或一击制胜的天赋能力。篮球比赛中投射得分的机会要比足球比赛多很多，进攻回合时间也短得多，故西班牙队投篮能力强的优势就可以更好地发挥出来。同时西班牙男篮也秉承了斗牛士的高超防守能力，这让西班牙男篮可以很好地压制对手。斗牛士在西班牙足球和篮球方面都展现出了特有的超强的比赛控制能力，因此西班牙运动员可以成为篮球、足球的双料世界冠军。2016年西班牙男篮夺得世锦赛冠军，当然那年夺冠热门美国队在半决赛中爆冷被希腊队淘汰。2008年北京奥运会、2012年伦敦奥运会，西班牙男篮也都闯入决赛。虽然西班牙队最终都遗憾败北，但还是能说明西班牙男篮是仅次于美国队的世界顶级强队。2019年在中国举办的男篮世界杯上，西班牙男篮又在决赛中击败阿根廷男篮，再度夺得男篮世界杯冠军。同时，西班牙篮球联赛也是仅次于NBA的世界顶级职业篮球联赛，拥有极高的竞技水平。

## 第二节　美国基础性运动——橄榄球

美国是世界绝对的体育运动强国，在很多体育项目上都有着极强的实力。在最能反映一国民众身体素质的田径项目上，美国的霸主地位无可撼动。美国有着世界上最为发达的职业联赛体系，美国国家橄榄球联盟（NFL）、国家冰球联盟（NHL）、美国职业棒球大联盟（MLB）和美国职业篮球联盟（NBA）被称为美国四大职业体育联盟。此外，美国还有其他的如终极格斗冠军赛（UFC）、美国职业摔角（WWE）等影响力很高的赛事。北京奥运会时，就有美国媒体宣称，如果以参赛的伊朗男篮球员的标准，美国有 10 万名球员可参加奥运会，足见美国体育基础之雄厚。

美国校园体育的开展同样举世闻名，NCAA 即美国大学生体育协会，是由美国千百所高校参与结盟的一个协会。但凡加入 NCAA 的院校，必须至少有男女各 4 支运动校队，其中第一级别的学校则要求必须具有 7 支以上的男子和女子球队（或者 6 支男子球队和 8 支女子球队）。以中国观众较为熟知的 NCAA 的美国大学生篮球联赛为例，全国赛 64 强赛其价值已经超过了 NBA。届时，包括美国总统都热衷于猜测哪些球队会晋级下一轮，以及获得最后的总冠军。由于 64 强赛主要集中在 3 月，因此 3 月也被称为“疯狂三月”。

在美国众多的体育赛事中选出美国的基础性运动，毫无疑问就是美式橄榄球了。美国美式橄榄球大联盟是世界上商业价值最高的单项赛事，其商业价值超过了世界杯和奥运会。单决赛“超级碗”的价值就高达4亿美元，“超级碗”也被称为美国的春晚，除了异常激烈的比赛，还有大牌明星奉献精彩表演，很多商家也借机打出广告。届时会有多达1亿的观众守在电视机前，观看冠军最终花落谁家。其间单单鸡翅的消费量就超过140亿只。

美式橄榄球运动对运动员的力量、速度、对抗能力和战术执行力都提出了很高的要求。在NFL的比赛规则中，一支球队共分为三个组，即进攻组、防守组和特勤组。每支球队上场11人，场上分工明确，比如中锋、跑锋、四分卫等。橄榄球比赛中的进攻短促而激烈，据说橄榄球可以跑出一万种战术，要在那么短的时间内完成进攻配合，需要球队队员具备良好的默契和战术素养。NFL的球员头盔里都有耳机，可以随时听到主教练的命令。在一支橄榄球队伍中，四分卫是最重要的角色，球队的进攻传球都要交给四分卫传球发动，其他球员比如中锋都要给他作掩护，因此对四分卫的进攻意识和传球技巧要求极高。四分卫是高智商的代名词，美国大学橄榄球联赛中很多四分卫毕业后，若没有进入橄榄球职业联赛，也大多进入了硅谷的大公司。

橄榄球运动赋予美国人强悍的体格、很强的团队精神，以及不屈的斗志。橄榄球是一项对抗极为激烈的运动，在橄榄球比赛中经常能看到进攻方球员被撞得人仰马翻。据说美国大学橄榄球队选拔新入学的球员时，会把所有球员放在深山老林里，那些最先穿过密林、荆棘、陡坡的球员将被橄榄球队录取，后面出来的球员则只能进入篮球队、足球队等。可见橄榄球运动对于球员的身体素质和冲击力要求很高。同时橄榄球运动对球员的身体素质和意志品质的提升也是全方位的，主要体现在以下几个方面。

首先是力量。橄榄球运动中的身体对抗极为频繁,甚至可以用野蛮来形容。对于进攻方,中锋球员要顶住正对面的彪形大汉中卫球员,其他球员也都要面对强悍对手的挑战,他们必须凭借强大的力量挡住对手或者将对手顶翻,来掩护四分卫发动传球进攻。橄榄球比赛进攻方前几次进攻都要通过短传进行,此时前进一步都非常困难,比赛变成了肌肉的绞杀,持球者会受到对方多名肌肉球员的重点照顾,只有那些迅捷而又强壮的球员才能钻出对方的重重包围,将阵线向前推进一步。对于防守方,拦截球员要在第一时间擒抱进攻方的接球队员,这同样需要良好的力量条件。因此,强壮是橄榄球运动员的最大标识。他们彪悍的体型、粗壮的手臂和威猛的外表极具威慑力。

其次是速度。外接手在接到四分卫的传球后,如果能幸运地躲开对手的盯防擒抱,那么他可以选择第一时间冲向端线,此时就是速度的较量了。外接手要凭借假动作、变速等巧妙地晃开防守者,如果他成功摆脱所有防守者的围追堵截,那么他将迎来橄榄球比赛最激动人心的达阵,此时达阵者狠狠地将球摔到地上,高举双臂,迎接全场山呼海啸般的欢呼和掌声。

再次,橄榄球运动也会大大提升球员的竞争意识及好胜心。橄榄球运动是直接的对抗,接近人类原始的种群之间的战争。球员要保卫本方阵线,同时要有进攻向前的意识,他们要攻城略地就必须直面挑战,击败前面的对手,否则可能被反戈一击,他们没有退路,只能放手一搏。橄榄球运动唤起了人们最原始的战斗欲望。橄榄球球员的对抗与格斗搏击相比,也不遑多让,那是身体素质最直接的较量。橄榄球运动中进攻方要推进到对方的端线后完成达阵,获得 6 分,但是防守方也许只需要抢到橄榄球完成反击达阵就能扭转战局,因此橄榄球员从不缺少绝地反击的意志和决心。

最后,橄榄球运动对于球员的战术要求非常高。橄榄球队是一支庞大的球队,仅正式比赛的球员就有 50 人,应该是人数规模最大的单项球队。橄榄球队分为进攻组、防守组、特勤组,每个组都分工明确且训练有素,大家通力配合。虽然有些球员也许根本没机会接触球,但也要尽职尽责,做好分内之事。美式橄榄球球员的头盔护具科技含量很高,会有耳机,球员可以收听主教练的喊话和战术布置,每次进攻和防守都可能在极短的时间内完成,大家必须集中精神、齐心协力、步调一致,把细节做到极致才能赢得比赛,继而去冲击季后赛,乃至“超级碗”。橄榄球运动对一个团队的组织能力和战术执行能力都会有很大提升。

综上,橄榄球运动作为美国的基础性运动当之无愧。橄榄球运动赋予美国运动员超强的身体素质、对抗能力和好胜心,例如在最能反映一国的国民身体素质的田径赛场,美国的“老大”地位无可撼动。橄榄球运动对美国运动员的影响如此之深,以至于美国一些短跑运动员在跑步时,都是抱橄榄球的姿势。橄榄球运动让美国运动员在其他运动项目上都展现了优良的身体素质,他们喜欢强强对话,直面挑战,擅于身体对抗,这会令对手非常不适应。比如在 2010 年的联合会杯足球赛中,美国队爆冷 2 : 0 击败已经在国际赛场保持 22 场不败的西班牙队。我们都知道西班牙队是以技术精细称雄于世,但是当他们遇到美国队的强硬防守、频繁的身体对抗及高效快速的反击时,其华丽技术便难以发挥,最终落败而无缘冠军。

## 第三节 韩国基础性运动——跆拳道、足球与服兵役

韩国是亚洲范围内的体育运动强国,在很多项目上都有较强的实力,也是中国队在很多项目中直接的竞争对手,尤其是在关注度、影响力较大的团体球项目上,中国队甚至处于下风。比如韩国男足是世界杯的常客,他们的目标已不仅仅是打进世界杯,而是世界杯小组出线,乃至进入八强。与此同时,中国男足则仍然为第二次打进世界杯而努力。韩国人口不及中国一个省的人口,何以在竞技体育中达到如此高的水准?这要从韩国的基础性运动说起。

韩国的基础性运动之一是跆拳道。跆拳道起源于韩国,是韩国的国术,并且已经成为奥运项目,全世界习练跆拳道的爱好者有3000多万人。跆拳道是典型的搏击项目,尤其是对腿法的运用很多,习练跆拳道者,对速度、力量、协调性、对抗能力、爆发力、反应速度、机会把握能力等都会有明显的提升。跆拳道选手要在比赛中完成各种高难度动作,这对他们小肌肉群的锻炼作用也很明显,有助于充分挖掘身体潜能,练就钢铁之躯。跆拳道作为一种搏击术,既可以有效刺激心肺功能,也能有效提升耐力水平,而且可以让选手很快进入比赛的兴奋状态。韩国在短道速滑这种爆发力、耐力兼具,又要求身体协调性、小肌肉群力量和临场兴奋度的比赛中表现突出,或许就是来源于传统的跆拳道。在其他类似的搏击项目中,韩国队也往往拥有很强的能力,比如综合格斗(MMA)、摔跤等,反观中国在摔跤项目中却难有作为。跆拳道作为一种充分

展示自我、释放自我的搏击项目,可以培养选手秀出自我、敢打敢拼的个性,这也是韩国舞蹈团体能风靡亚洲、走向世界的一大原因。

韩国另一大基础性运动是足球。在韩国有"是个男人就踢球"的说法,足见韩国足球的普及程度。在韩国,各年龄段都有完善的足球青训体制和赛事体系,球员可以从小就接受正规的训练,并且参加各种级别的比赛。成熟完善的青训体系让韩国队在各个年龄段的男、女足球比赛中都有很强的竞争力,历来是中国队的竞争对手。韩国队是世界杯常客,其他国字号球队也在国际大赛中屡获殊荣。韩国的K联赛已经成为亚洲范围最具实力的联赛之一,这些年K联赛球队在亚冠赛场表现优异。韩国不仅有高水平的职业联赛,他们的大学生足球联赛同样运作规范,水平很高。事实上,韩国的很多国青队球员都是在校大学生,每年也都有大学生联赛中的佼佼者进入职业俱乐部。足球作为一项讲究配合、意识和战术执行的运动项目,对于球员的配合默契度、技术的合理运用、大局观等的提升是其他项目所无法比拟的。而且足球是90分钟高强度的运动项目,激烈的竞争持续全场,球队必须把握稍纵即逝的机会才能得分。相反,一不小心就可能丢球,葬送大好局面。所以,踢球也让韩国球员有源源不断的充沛体能,从而很好地适应快节奏、高对抗的比赛。因此,韩国在足球以外的其他团体项目上往往具有很强的实力。

韩国最后一大基础性运动是服兵役。服兵役虽不是单独的运动项目,但服兵役期间的各种军事训练,可以看作充斥大量运动项目的综合性运动。由于和朝鲜一直处于紧张的军事对峙关系中,与日本也存在领土主权纠纷问题,韩国一直保持相当强大的军事力量。韩国人口约5000万,相对较少,因而实行全民兵役制,每位成年男子都要服兵役,包括大学生、演艺界明星等。对于学生,韩国也有军训,且军训的强度远非中国的军训所能比。严格而艰苦的军事训练,培养了韩国人顽强的意志品质、勇猛彪悍的作风,以及严肃的组织纪律性。这让韩国的运动员在场上总能表现出对胜利的强烈渴望、良好的战术执行能力、坚忍不拔的意志。比如韩国男足在面对中国男足时往往充满自信,因为即便中方的球员技术不错,但在精神力和执行力上会弱于韩国球队。一位韩国的球员就坦言,这些都源于韩国的兵役制,中国的球员往往很随意,而韩国的球员则严肃得多。由于韩国的球员从小就接受严格的军事训练,包括体能、力量等身体素质的练习,使韩国的青少年球员相比于亚洲同年龄段的其他对手,有较明显的身体对抗优势,也让他们在青少年这一层次上成绩傲人,比如韩国的各级青少年足球代表队。当然这也与韩国的一项政策有关,即在世界大赛如世青赛、奥运会上打进前三,可以免于服兵役。这个巨大诱惑让球员在场上会拼了命地去拿下比赛。然而,过早进行大强度的身体素质训练,而忽视小技术的运用,导致韩国球员进入成年队后水平进步缓慢,技术不够细腻,这也限制了韩国队在世界大赛中的成绩提升。

## 第四节　大多数国家的基础性运动——足球

足球是世界第一运动，几乎所有国家和地区都开展了足球运动。足球世界杯是四年一度的全世界足球迷的盛宴，届时全球会有几十亿的球迷守在电视机前为喜爱的球队加油。从来没有其他任何一个运动项目像足球一样，预选赛阶段参与的国家和地区就那么多，周期那么长，竞争那么激烈。世界足球协会会员国共有209个，甚至那些弹丸之地的小国也会派出队伍，角逐世界杯参赛资格。

足球在世界上普及程度高来源于其参与的便利性。足球运动只需要一个皮球、一片较空旷的场地就可以开展起来。比如公园里、草地上、巷子里等，可以说足球对场地设施的要求很低。此外，足球运动也比较符合青少年喜欢追逐打闹的天性。一群孩子围着一个皮球或者一个纸团不知疲倦地奔跑，尽管全身已经脏污不堪，但丝毫无法阻挡他们踢球的脚步。西下的夕阳、喧嚣的球场为他们留下了太多美好的记忆。足球是一项对身体天赋要求相对较低的运动项目。不同于排球、篮球等项目对身高天赋有很高的要求，足球运动员的平均身高并不比普通人的身高高多少。不同的人种、不同国家的球队都可以踢出风格迥异但非常有竞争力的足球赛。比如身材高大的人种可以打得更加开放，利用高空优势追求身体对抗和冲击力；身材相对矮小的人种则可以踢得更为精细，谋求地面配合。正因为在足球项目上，一个国家地区足球代表队的实力水平与其人口、人种、经济实力、国家面积没有直接关系。一些小国如能重视足球青训,在管理方面跟上,也能在世界大赛中有出色表现,引起世界关注。因此,足球项目成为全世界都大力发展的运动项目。

足球也是世界上职业化程度最高的运动项目,据估计全世界足球产值有五六千亿美元,几乎占所有运动项目总产值的一半。在欧洲、南美洲及新兴的亚洲市场,足球项目都有完善成熟的市场运作制度。职业联赛往往有多个级别,俱乐部老板一掷千金建设俱乐部,球队大牌球星云集,为球迷奉献一场场高水平的、精彩纷呈的足球比赛。此外,还有跨国的欧冠、亚冠、南美解放者杯等赛事。观看足球比赛已经成为这些国家和地区人们生活的重要组成部分。每场比赛后,各种比赛相关的话题也成为人们热议的焦点。在这些国家,人们对足球运动的狂热也反映在对青训的重视上,青少年从小就会接受专业的足球训练,参加各种足球比赛。那些大足球俱乐部的梯队选拔可谓竞争激烈,只有那些极为出色的小球员才能打动球探成为幸运儿,进入职业俱乐部,开启职业运动员生涯。对于很多贫穷落后的地区,比如南美洲、非洲一些地方的孩子来说,踢足球也是改变命运的一大方式。一旦他们能进入国字号球队,征战世界大赛,就有可能被遍布世界的球探看中,带到足球发达的欧洲,开启人生新的旅程。在一些国家,输送优秀球员出去甚至已经成为外汇创收的一种方式,比如巴西出售球员的收入曾占外汇的4%。由于足球的广泛普及性,以及世界上大部分国家的重视,足球比赛也被视为现代国家间的战争,足球比赛的胜负关乎国家民族的荣誉。

得益于足球运动在耐力、速度、战术素养、技术运用等方面对人的显著提升作用,那些足球运动基础较好的国家和地区在其他的运动项目上,尤其是团体项目,也往往有较高的水准。世界三大球最强的西班牙、巴西、塞尔维亚,亚洲三大球最强的伊朗、韩国、日本,都是在足球方面有很强实力的国家。世界足球的中心——欧洲,其篮球、排球、曲棍球、冰球等项目也都很强。在最能反映人身体素质、运动能力的田径项目上,欧洲也占据重要地位,当然欧洲人身材高大的天赋优势也让他们在很多项目上占得先机。

其他国家的一些典型的基础性运动,如泰国的基础性运动是泰拳,泰拳也是风靡世界的格斗术。泰国有“是个男人就打拳”的说法,很多拳手从小就接受严酷的泰拳训练,参加各种比赛。泰国的政治也被称为“泰拳政治”,以政变和激烈的党派斗争闻名于世。牙买加的基础性运动是短跑项目,短跑项目也是牙买加的最大名片,牙买加人应该是世界上跑得最快的民族。牙买加人“闪电”博尔特屡次刷新人类短跑的极限,牙买加男、女队经常包揽世界大赛男女100米、200米、100米接力等短跑项目金牌,是当之无愧的短跑王国。牙买加国内也充斥着大量的短跑好手,很多青少年刻苦训练,就是为了实现在短跑赛道上一举夺魁的梦想。此外,比较典型的还有蒙古的摔跤,摔跤运动让蒙古族显得极其粗壮,擅长骑射和近身搏斗。巴西的桑巴舞也比较典型,桑巴舞以热情奔放为人所熟知,每年的巴西狂欢节上,巴西都会举办盛大的桑巴舞表演。人们常说,巴西球员脚下动作花哨、变化无穷也来源于桑巴舞,因此巴西的足球又被称为“桑巴足球”。

## 第五节　基础性运动反作用之西班牙迟到的足球世界冠军

基础性运动可以深刻影响一国其他运动项目的表现，这种影响绝大多数具有正面效果，然而有些时候也会起到难以消除的反作用。

巴萨以著名的Tiki-Taka(极致攻守)战术闻名于世，技战术风格鲜明。Tiki-Taka战术中球员凭借娴熟细腻的脚下技术和默契统一的小组配合，将球牢牢控制在本方脚下，拥有绝对的控球率优势，从而让对方球员时刻处于被动防守状态，疲于奔命。当对手体能下滑、稍有松懈之时，便可发动致命一击。然而Tiki-Taka战术有时也会因为进攻方过分沉迷于倒脚控球，不积极进攻，而让比赛显得索然无味，招致观众嘘声。作为带领巴萨夺得六冠王、一手打造“梦三队”的功勋教头瓜迪奥拉，对Tiki-Taka也持抨击批评的态度，他说他讨厌Tiki-Taka，也指出Tiki-Taka这个术语是贬义词。巴萨的Tiki-Taka战术流传至今，并非某一位或几位教练的薪火相传，而是根植于西班牙文化土壤，来源于西班牙传统的斗牛表演。Tiki-Taka战术中球员运用华丽的脚下技术倒脚控球，就如同斗牛士运用高超的技艺将牛玩弄于股掌之间，取悦观众一样。Tiki-Taka战术中球员也有很强的表演欲，总是沉迷于控球，似乎是因为高潮的刺杀表演远未到来，他们并不急于结束比赛。

这种不去关注比赛胜负本身，而是陶醉于控球技艺的展现，也会遭受惩罚。21 世纪以前,西班牙虽然也拥有大批出色的球员,比如劳尔等,但在世界大赛中一直表现不佳,因为球员往往过于迷恋控球,喜欢按部就班地短传渗透,而不擅于更加高效的大范围转移,显得打法单一,华而不实。此外西班牙队在过往大赛上还屡屡被发"精神文明奖"(公平竞争奖),因为他们很少恶意犯规,当年的西班牙球员甚至不擅假摔。显然西班牙球员在场上要表现出斗牛士表演时的优雅风度,不屑于使用丑陋凶狠的伎俩渔利。在俱乐部层面,巴萨也吃过过度控球的亏。最典型的是,2012 年欧冠联赛半决赛,客场面对切尔西,巴萨的控球率高达 79.1%,然而凭借德罗巴一个高效犀利的反击,切尔西 1 : 0 击败对手。加上客场 2 : 2 逼平巴萨,总比分 3 : 2 淘汰巴萨,最终切尔西夺得那个赛季的欧冠冠军。21 世纪以来,随着西班牙经济的发展,在海外踢球的球员增多,也有更多国外更富进取精神、追求更高效进攻套路的球员加盟西甲联赛。西班牙的足球理念更加与国际接轨,青训也开始更加注重身体和耐力,加之自身精湛的技术和对机会的把握能力等斗牛士特有的品质,西班牙队逐渐崛起并成为世界霸主球队。西班牙队接连夺得欧洲杯和世界杯冠军,成为世界足坛首屈一指的强队。

从西甲的环境看梅西的幸福与 C 罗的烦恼。梅西在巴塞罗那队是绝对的核心领袖,他带领巴塞罗那队夺得了几乎所有的荣誉,他也凭借在俱乐部的"球王"表现荣膺五个金球奖和其他数不清的个人荣誉。然而对比在俱乐部的表现,梅西在国家队似乎还需要证明自己,除了世青赛和奥运会的金牌,梅西还未能在分量更重的美洲杯和世界杯上夺冠,尽管他在两项赛事中都打进过决赛。梅西也因在国家队几次决赛中的低迷表现，招来不少质疑，无法率领国家队取得更高荣誉，是梅西普遍被认为不及“球王”马拉多纳的地方。梅西在俱乐部和在国家队的表现有鲜明的反差，主要源于在巴萨俱乐部有崇尚控球的强大体系作为保障。梅西几乎不需要参与反抢防守，球权就能很快回到他脚下，梅西的活动范围基本集中在前场四十米区域，这样就大大节省了宝贵的体能，他有充足体力发挥它前场盘带突破的超强能力。在很多比赛中，梅西一个人就可以把对方防线搅得七零八落，依靠个人能力完成进球，终结比赛。梅西在俱乐部不可阻挡的表现离不开后面斗牛士军团的全力支持，同时斗牛士军团也离不开梅西。斗牛士们前场的传控虽然技艺精妙，但也显得烦琐低效，梅西就可以凭借其向前意识和无与伦比的天赋瞬间加快进攻节奏，撕裂对方防线，让巴萨的进攻更加多样和高效。与之相反，在防守方面，梅西在国家队就没有那么轻松惬意了。在阿根廷队，梅西如果活动范围仅限于前场四十米，必然要招致球迷嘘声，特别是当球队在场面上没有占据太大优势时。梅西在国家队需要参与球队整体防守，这就消耗了大量体力，加之世界杯这种赛会制比赛的密集赛程，更加剧了梅西的体能消耗，在巴西世界杯一些场次中，梅西就被拍到累到呕吐的场面。因为体力不支，梅西也就难以发挥出应有的水平来帮助阿根廷队赢得比赛，尤其是最后决赛阶段，也让梅西只能遗憾与冠军奖杯擦肩而过。

C 罗在皇马期间可谓非常成功，收获了五座欧冠奖杯、三座西甲冠军奖杯、五个金球奖，集万千宠爱，是当今足坛最耀眼的巨星。然而有一件事却让他很困扰，就是球迷会在他表现不佳时“嘘”他，而这种事情在曼彻斯特从来都不会发生。C罗说:“在伯纳乌被批评是不正常的,当我没有发挥100%的实力时,他们会吹口哨,我需要得到来自球迷的额外支持,但有时候并没有。”很显然皇马球迷对于球员的表现有着苛刻的标准,即便是对于带领球队夺得无数荣誉,尤其在欧冠所向披靡的当家球星也不例外。皇马球迷为什么对球员的场上表现要求如此之高呢?因为他们会把场上球员的表现看作是斗牛士的表演,当球员没有展现出精湛的技艺和完美的控制力时,他们显然会不太满意,甚至会报以嘘声。球迷的口味喜好决定了联赛的风格和未来,正是西班牙球迷对于技术的挑剔,让西甲成为技术水平最高,也最让人赏心悦目的联赛。西甲的球队即便投入不是特别大,大牌巨星也不是很多,但依然可以凭借技术能力上的优势击败对手,所以皇马、巴萨这些年基本垄断了欧冠,而且欧联杯也经常被西甲的球队夺得。

## 第六节　基础性运动反作用之两种不同的橄榄球运动

橄榄球是美国第一大运动，橄榄球运动强化了美国人的身体素质和竞争精神，让他们喜欢强强对话，然而在足球项目上，橄榄球运动却带来了反作用。足球在大多数国家被称为"football"，而football在美国指的是橄榄球，美国的足球是英文"soccer"。美国是世界体育运动强国，在很多体育项目上都有极为雄厚的实力，比如篮球、冰球、棒球、田径项目，但是在公认的世界第一运动足球上却令人难以恭维。美国固然是世界杯的常客，但在世界杯上很少有亮眼表现。这里就要提到美式橄榄球作为美国的基础性运动对美国足球的影响。

美式橄榄球运动对足球的反面影响来源于其竞赛形式。橄榄球战术千变万化，但每次进攻都很短促，当四分卫传出球后，很快一个进攻回合就截止（有时甚至传不出球），这就让球队很难完成类似于足球比赛中精妙复杂的多人配合的进攻战术。反映在美国足球队上就是进攻办法不多，打法生硬，比赛流畅度不高。当然在防守端师承橄榄球中严密强硬的防守，不会出现太大漏洞，而且由于球队往往配置了跑锋式边路快马，在长传反击方面比较有特点。美式橄榄球对足球另一种不利影响是橄榄球过于强调身体对抗硬度，这就使得球员身体灵活性不足。而足球是一项对身体柔韧性和协调性要求极高的项目，身体过于粗壮刚猛，动作就显得笨拙缓慢，容易被限制。尽管美国也很重视足球运动的普及，但似乎很难培养出在世界赛场上有竞争力的足球运动员，于是乎美国人把视线放到国外,我们看到 2014 年巴西世界杯上,美国队有大量的移民球员。与美国男足不同,美国女足一直是世界足坛的老牌劲旅,地位难以撼动。女性天生柔美,缺乏的正是对抗强度,尽管美国在女子橄榄球方面只有小众的女子内衣橄榄球运动,但受美国社会浓厚橄榄球氛围的影响,美国女足球员个个人高马大,冲击力很强,对方球员很难占到便宜,加上美国良好的女足基础及橄榄球运动般的出色防守,使美国女足得以称霸世界足坛。

美式橄榄球起源于英式橄榄球,但是美式橄榄球对于英式橄榄球的规则做了很大改变。比如美式橄榄球的一次进攻中只允许向前传球一次,尽管向后传球次数不限,但由于只要防守方成功限制了持球者,因此球队会把仅有的传球机会留给最有把握的四分卫,其他球员的传球能力则比较欠缺。英式橄榄球运动中每一名接球队员都可以向队友传球,当然也只能向后传,有越位规则,这样就能执行多人配合的复杂的进攻战术,每名球员都有良好的传球意识和技巧。美式橄榄球中,一旦进攻被防守破坏,都要重新列阵发球进攻,而英式橄榄球中,一旦进攻方持球者进攻受阻,无法前进,就可以卧倒交给前来接应的队友继续进攻。可见在比赛连贯性方面,英式橄榄球也优于美式橄榄球。英式橄榄球运动盛行的国家或地区,其对该国家或地区的足球或其他强调团队配合的运动有着积极正面的辅助作用。比如英国足球的典型代表英超,既有英式橄榄球强硬的身体对抗,猛冲猛打的铁血激情,同时球员也不乏良好的配合传控能力,比赛流畅度很高,尽管球员个人技术不如西甲球员那么细腻。风格鲜明、巨星云集的英超联赛也成为全世界最有竞争力、商业价值最高、水平最顶尖的足球联赛之一。很多英国足球巨星早年都是练习英式橄榄球出身,比如苏格兰足球名宿吉格斯、威尔士球星贝尔等,皇马足球传奇“万人迷”贝克汉姆则称，相比于足球比赛，他更愿去看橄榄球比赛。

英式橄榄球更接近于典型的多人配合的团队运动——足球运动。事实上，英式橄榄球运动正是派生于足球运动，其于 1823 年诞生于英国中部的一所名叫拉格比的学校。据传在拉格比学校的一场足球赛中，球员威廉·韦伯·埃利斯因踢球失误感到懊恼，一时心血来潮就抱着球往前跑，其他球员也纷纷效仿，在以后的比赛中，这种情况屡见不鲜。后来经过热心人士的研究改良，一项对人身体素质有全面锻炼作用的运动项目——橄榄球运动诞生了。起初，英式橄榄球也被称为拉格比足球，简称拉格比(Rugby)。美式橄榄球虽然起源于英式橄榄球，这从美式橄榄球至今仍被称为 football 就可以看出其本源是足球运动，但美式橄榄球显然在规则上做出了重大改革，变成了完全独立的一项运动。

另外两个橄榄球运动很发达的国家是新西兰和澳大利亚，其橄榄球运动规则近似于英式橄榄球，但又不完全相同，因此被称为“澳式橄榄球”。新西兰及澳大利亚的足球同样受橄榄球影响，而有鲜明的“英式足球”烙印。新西兰参加了 2010 年南非世界杯，小组赛三场平局一球未失，同时进攻端也是一球未进，让人看到新西兰良好的防守实力。澳大利亚参加了 2013 年在韩国举行的东亚四强赛，最终一平两负排名垫底，澳大利亚球员高大缓慢的步伐面对中、日、韩球员快速灵巧多变的打法显得笨拙不堪，日本媒体就讽刺澳大利亚踢的橄榄球足球。与此同时，澳大利亚人同样对日本人崇尚的细腻技术的打法嗤之以鼻，称它为“女性化足球”。在中超球员的印象中，澳大利亚球员往往身体对抗能力很强，但脚下功夫不是太好。然而这些年澳大利亚球员的技术已获得长足的进步，自从并入了亚足联，在最近四届亚洲杯中两夺冠军，还有两次亚军，世界杯更是一届不落。

## 第七节 篮球适合作为中国的基础性运动吗？

篮球是在中国开展最好的团体运动，有着广泛的群众基础，中国篮球长期占据亚洲篮球霸主地位。随着姚明、王治郅、易建联等球员进入 NBA 这个世界篮球最高舞台，篮球在国内进一步掀起热潮，青少年球员参加篮球运动的热情更加高涨，篮球场随处可见。由于大批资金流入，加之众多 NBA 级别的球员加盟，中国本土的 CBA（中国篮球职业联赛）已经发展为世界前列的篮球联赛，有较强的国际影响力。

就篮球运动本身而言，它是一项对身体素质要求很高的运动。篮球运动员需要良好的身体条件，包括身高、速度、弹跳力、力量、协调性、耐力等。篮球比赛中一些精彩的进攻动作，往往令观众大呼过瘾，拍手叫好，比如霸气十足的扣篮，飘逸的上篮，在对手贴身防守下高难度的投篮，在防守端令人血脉偾张的盖帽。这些精彩瞬间都显示出篮球运动员极为强悍的身体素质和健美的身材，令无数人艳羡。事实上，篮球运动员都非常重视身体机能的训练，而且训练非常全面系统，使他们在篮球场上保持充沛的活力。但篮球运动本身，既无极限速度，也无极限力量，无法持续性地提升人的各项身体素质，因此篮球并不适合作为中国的基础性运动。

不仅篮球运动本身对人身体机能的提升作用不显著，而且篮球运动似乎门槛太高，并不适合绝大多数人。比如弹跳是篮球运动员最重要的能力之一，但弹跳力对人身体素质要求极高，对于中老年人就只能沦为“地板流”，在球场上难有立足之地。在篮球场上，身高起到至关重要的作用，无论是进攻防守还是抢篮板，都是如此。因此职业球员的身高远超一般人，前者身高要在2米左右，后者则是1.7米左右，差距甚大，这就意味着绝大多数人在身高上就与职业篮球无缘了。同时对于个头较矮的小孩子来说，打篮球很吃力，身高、力量都远远不够，不适合从小练习。

篮球运动虽是典型的团体运动，但人数几乎是所有团体运动中最少的——5人，甚至更少。篮球运动的打法战术受球员个体能力影响很大，很难形成自身完整的技战术体系，在场上保持严格的战术纪律。如果有一名实力超群的球员，那么他可能会瞬间改变球队打法，比如自己解决战斗，而很少与队友配合。此外，篮球比赛有进攻时间限制，在经过简单传倒后，就要完成进攻，很难做出精妙复杂的进攻配合，这使得参与篮球运动对其他团体项目的借鉴意义不是很大。

下面对篮球运动员与古代武将进行有趣的类比，来看高水平篮球运动员极高的选拔要求。篮球运动员如同冷兵器时代的阵前大将，篮球比赛解说员在介绍出场球员时，经常说“先发五虎”，就是用三国时期蜀汉的五虎上将，喻指高大魁梧的篮球运动员。

所谓千军易得，一将难求。一员大将，不仅要体型彪悍，皆是身长九尺，虎背熊腰，威震三军，有万夫不当之勇，更是要智谋超群，运筹帷幄。比如三国时代的猛将吕布，身长九尺有余，执方天画戟，骑赤兔马，威风凛凛，矫健彪悍。换算成现在的长度单位，吕布的身高足足有2.2米，打篮球内线大中锋绰绰有余！篮球运动员往往有极强的天赋条件，身体素质超群，身高2米左右，力量、弹跳、速度等各项身体条件都要非常出色，擅长内线对抗，技术精湛，而且要智勇双全，有很强的技战术意识。可见，篮球运动员在选材条件上与古代武将很相近。

此外，古代武将往往能单枪匹马，杀入敌阵，左冲右突，所向披靡，如入无人之境。而篮球运动员也能凭借出色的速度、节奏变化和娴熟运球，穿梭于对方防线，完成暴扣，或者轻松上篮得分。

古代大将不仅能近身拼杀，而且能开几百石弓，百步穿杨，射杀敌寇。篮球运动员则不仅要能在内线肉搏，也要能在外线，拈弓搭箭，命中远投。

古代武将多勇猛好斗，性情刚烈，关键时刻能挺身而出，扭转战局。篮球运动员也往往有极强的好胜心，球场斗法难分难解，喜欢表现，关键时刻能站出来，命中 answer ball，务必在气势上压倒对手，科比和乔丹就是这样的典型。

## 第八节　足球应作为中国的一大基础性运动

足球是世界第一运动，在世界范围内拥有极高的普及程度，在很多国家，踢足球、观看足球比赛已成为日常生活中必不可少的一部分。足球何以具备如此大的魅力，令无数人为之着迷，更是让很多国家不惜以举国之力去发展足球。下面就罗列足球运动所独有的一些特征及对人体魄巨大的提升作用。

团队竞争已成为当今社会竞争的主要形式。不管什么人，都要加入各种各样的社会组织，并参与竞争，比如在政党、公司、社团等，与同仁、同事、同志团结协作，参与社会竞争。足球就是这种团队合作去参与竞争的形象化、具体化，足球运动能很好地诠释人类的合作与竞争，不只是因为足球是所有团队运动中人数较多的运动项目（一支足球队上场人数有 11 人），更是因为足球运动本身所具有的鲜明特点。足球运动中除了守门员，或者是发边线球等特定情况，其他球员只能用除了手以外的其他部位触碰皮球。没有灵巧的双手实现面的包裹控制，而是用其他部位（主要是脚）给予点线的瞬间施力，去完成停球、过人、传球、射门等各种技术动作，其难度相当大。因此，足球运动员必须寻求与队友的配合，才能达成战术意图，在进攻和防守两方面都需要与队友之间有良好的默契和团队配合能力。

足球运动中进攻球员需要有良好的团队配合意识和能力。足球比赛的进攻方往往要面对对方多人的严密布防，要跨越宽阔的足球场地,突破可以用手处理球的守门员的防守,谈何容易。如果,一名球员试图带球从后场进攻,完成近距离打门,就必须突破层层防守,世界职业足坛历史上能完成这种壮举的球员也是极为少见的。而要直接远距离起脚射门,很容易被守门员轻松化解,因此足球运动进攻中必须依靠配合。由于球队在进攻端投入的兵力一般较少,进攻球员经常面临以少打多的局面。而且进攻组织是建设性的,防守是破坏性的,进攻者必须配合默契,否则稍有差池,就会被防守者抢断破坏。进攻球员配合要极为熟练,有成熟套路,可以根据场上形势,把握转瞬即逝的机会,穿越对方防线。持球者的传球与接球者的跑位要恰到好处,让接球者可以在进攻有利位置接到球,以便于后面的动作连接,传球者甚至要考虑到接球人用哪一只脚处理球。球员之间达到一定的默契程度之后,队友一个眼神就知道接下来该怎么做,令对手防不胜防。足球比赛中还有越位陷阱,传跑必须达成高度一致,才能让进攻球员完成启动、闪开接球空间、高速切入对方空当、完成破门得分等一系列进攻配合。这样为数不多的机会往往会成为左右一场比赛胜负的关键,而要把握这样的机会,球员间要拥有良好的默契。

相较于进攻,足球运动在防守方面对于团队配合的强调有过之而无不及。足球比赛瞬息万变,任意一个时候的任意一个机会、一个进球都有可能决定比赛胜负,而防守就是球队立于不败之地的关键。进攻队员浪费几次机会可能无关全局,但在防守上出现一个低级失误,就很有可能被对手抓住从而葬送比赛。做好防守工作,不仅要投入更多的人员精力,形成人数上的优势,保持专注,球队的协同防守也至关重要。要做到步调一致,层层设防,保持严密的防守阵型，围追堵截对方进攻队员，对持球人更是要严密盯防。防守队员通力配合，确保本方球门的安全。在足球比赛中，对于球权的争夺是比赛生命线，而要在对手脚下抢下球权，防守者必须保证步调统一、行动坚决，这样才能抢得球权。

足球运动对于进攻和防守的意识要求也很高。进攻上，由于进攻球员常常少于防守球员，容易陷入对方重围，让进攻受阻，因此进攻方球员必须积极主动，有良好的进攻意识，技战术动作要快人一步，有令对手意想不到、捉摸不透的配合套路，从容游走于对手防线前，从而完成进攻战术，击穿对手防线。在双方旗鼓相当、实力接近的情况下，常规的阵地战，双方都难耐对方防线，此时就要抓住攻防衔接段，全队立即由防守状态转入进攻状态，迅速向对方纵深发展，比如发动长传反击，打得对方立足未稳，对手容易顾此失彼，从而直接威胁对手球门，完成破门得分。进攻球员要有敏锐的嗅觉，能抓住对手传球大意，或者传球失误的瞬间，迅速发动进攻，在对方没有防回来之前，完成进攻乃至得分。因此进攻球员要时刻观察场上的态势，抓住稍纵即逝的有利战机，以迅雷不及掩耳之势完成致命一击。现代足球进攻不再仅是传统前锋的事情，而是需要每个球员都参与进攻。后卫不仅要做好防守，还要适时插上参与进攻。发动进攻的球员，也不再只是中场组织者，后卫或门将的一个大脚长传也可发动进攻。现代足球位置也越来越模糊化，比赛中，换位越来越频繁，让进攻样式更为变化多端，也令对手捉摸不透，难以设防。

同样对于防守者，足球运动也要求防守者有极佳的防守意识。球队要控制比赛节奏，限制对手进攻，必须从防守做起。从本方丢球一刻起，全队便立即转入防守状态，甚至前锋球员也要就地参与反抢。压上进攻的后卫球员则会第一时间逼抢对方持球队员，第一时间破坏断球，从而发动新一轮攻势，或破坏出界，延缓对方进攻速度。有时则不惜以犯规甚至吃牌为代价破坏对方的快速反击，为防守布阵赢得时间，这都需要球员有良好的防守意识，在第一时间遏制对方进攻，防止对方的进攻向本方腹地发展。在落入阵地防守时，防守者要保持良好的阵型，压缩对方传球进攻的空间，有良好的防守预判，快人一步掐断对方的跑位传球路线或者瞅准时机铲抢破坏。而当对方已经有威胁球门的起脚空间时，防守球员需要奋不顾身堵枪眼，用身体挡住对方射门，减轻本方门将扑救的压力。

荷兰足坛名宿克鲁伊夫提出并践行“全攻全守”理念后，“全攻全守”也越发成为全世界足球发展的潮流。“全攻全守”即全员进攻，全员防守。在当今的足球技战术理念中，每个人既要完成本位置的工作，也要兼顾其他事情，每个人既可能是防守者，也可能是进攻发动者、策应者，甚至终结者，这让足球场上攻防节奏加快，对抗更加立体全面，对球员的素质要求也更高，包括身体上和心理上两方面。

足球比赛非常讲究战术打法。比如一支实力稍差的球队面对强队时，并非没有胜算，而是可以采用防守反击等打法，凭借坚韧的意志力、良好的战术纪律和出色的体能，严密配合，顶住对方的狂攻。当对手疲惫懈怠、精力不集中时，快速反击，往往能打得对手措手不及，甚至进球得分，就地奠定胜局。当然这些都是建立在球队良好的战术执行力、配合默契之上的。于是足球比赛中以弱胜强、爆出冷门的现象并不鲜见,这也是足球比赛的一大独特魅力,即偶然性比较大。

由上可见,足球运动是一项极为讲究团队配合、战术打法,强调球员进攻和防守意识的运动项目。球员的个人能力必须融入球队之中才能发挥最大威力,同样球队战术打法的制定也要适应自身情况,并根据对手的每场比赛有所调整,才能在比赛中占据更大优势。作为 11 人的团体项目,足球对于团队配合的依赖程度、多样性、复杂程度和要求球员的默契程度都非其他运动项目所能比拟。

足球是一项对球员技术能力要求极高的运动项目,顶级球星几乎能做到人球合一,足球运动让球员对技术的运用达到极致。在世界顶级职业足球联赛中,我们经常能看到超级巨星高超的技术,令对手“望球生叹”,让球迷大呼过瘾。比如罗纳尔迪尼奥就以不可思议的高难度动作闻名于世,他杂耍般的过人,充满想象力的射门,留下无数经典瞬间,也俘获了全世界粉丝的心。“球王”梅西经常上演连过数人,突破对手整条防线,完成破门得分的好戏,让人为之惊叹。梅西虽然身材不算高大,但凭借良好的节奏感、球感,在对手严密盯防逼抢下,却能随意穿梭于对方后防线,一个人主宰比赛。梅西曾参加过一些体育挑战类综艺节目,比如挑战用脚远距离将球射入篮筐,对于一般人即便用灵巧的双手远距离投进篮筐也并非易事,而梅西却可以用脚轻松做到,而且命中率很高!足球运动员对于基本功的训练非常严格。小球员基本上从五六岁开始就要接触足球,进行启蒙训练,出色的技术球感必须要在长年累月的训练和比赛中积累起来。比如曾在 2015 年亚洲杯上有惊艳表现的江苏籍球员孙可,小时候经常要完成连续颠球一万次以上,方可结束训练。有一段球员面对面坐两排，通过头球接力，最后顶进桶内的视频热传于网络，可见足球运动员基本技术的扎实程度。

足球项目对于技术要求极高源于足球运动本身鲜明的特点。足球是一项除了守门员及掷边线球等特殊情况外，禁止球员用手的项目。在场上正常比赛期间无论攻防双方谁的手碰球即视为犯规，防守球员在禁区手碰球，如果手没贴紧身体，改变球运行线路而获利，更是会判点球极刑，尽管有时是无意为之。由于无法用人类最为灵巧的双手实现面的包裹，而只能用脚、腿、躯干、头部进行点的触碰，人对于球的控制难度大大增加。而足球是一项攻防节奏很快，对抗拼抢非常激烈的运动项目。进攻球员要在高速奔跑，对手严密盯防，甚至粗野犯规的情况下，完成停球、过人、传球、射门等动作，对于技术基本功和动作合理性要求极高。球员必须掌握娴熟的足球技巧，在极短的时间内观察队友和对手的站位，稳当地卸下高速飞来的传球，在多人夹抢下仍能护好球，瞅准时机送出恰到好处的传球，或者利用些许空当，完成射门乃至得分。足球场上很多技术动作，不仅难度很大，也非常有观赏性，充满想象力，比如穿裆过人、彩虹球过人、人球分过、脚后跟传球等。

传球配合是足球运动员所需要具备的基本能力，同时也是最能体现足球运动特点的技术环节。足球场上好的传球，极具穿透性，能瞬间撕裂对手防线，让局面豁然开朗，能直接让队友在对方威胁区域拿球，创造破门得分的机会。然而要传出让队友接球最舒服，又具有进攻威胁且让对手难防的球并非易事。传球者需在极短时间内观察场上局势，包括队友和对手跑位，然后用合适的脚法在最佳时机（规避越位陷阱），一脚或一头传出弧线、速度、方向都恰到好处的传球,比如弧线刚好越过防守者头顶或绕过对手脚尖,这种让队友在对手多人夹防的情况下,完成射门或得分的传球,总是令人拍案叫绝,大呼过瘾。顶尖狙击手要精确计算距离、风速、温度、湿度等各种因素后,才会扣动扳机,一击致命。而传球大师,则要瞬间观察场上各队友、对手跑位,靠脚或头的一击触碰完成绝妙传球,其难度丝毫不亚于狙击手千米之外的狙杀,只是狙击手有极为精准的狙击枪,而球员只是用脚,可见球员脚法功力之深厚。

还有一项能反映球员扎实基本功的技术环节就是射门了,球队要击败对手获胜必须要攻破对手球门,前锋球员责任重大。在对手围追堵截下,面对虎视眈眈的守门员,进攻球员要把握时机,在极短时间内射出力量大、角度刁钻、弧线诡异的球,必须要脚硬头硬,且基本功扎实。足球场上有相当比例的进球是头球破门,这同样难度极大,在高高跃起的同时,还要把球顶向对方球门方向,打穿守门员防守,对弹跳力、腰腹力量、动作协调性都要求极高。在足球场上,进攻球员甚至没有时间抬头观察守门员的站位就要起脚射门,此时球门的位置已经在心中,对守门员的站位也已有预判,从而射出极具威胁性的球。足球比赛中真正的破门良机并不多,前锋们必须尽己所能,把握有限的机会才能改写比赛,获得最后胜利。顶级运动员也许只需要一场把握一两个这样的机会就可以了。

足球也是身体对抗很强的运动。尽管足球运动并不像橄榄球运动那样特别强调身体对抗,同时足球运动员也不以身体强壮度见长,但足球运动对于身体对抗要求却很高,尤其是防守端。防守端球员如果要破坏对手进攻,就要最大限度地给对方施加压力,包括贴身逼抢、施加身体对抗、伺机断球。对于比赛落后的一方,着急取得进球,四平八稳地防守很难从对方脚下断球,要夺得球权,就必须近乎疯狂地给对方施加压力,很多动作都在犯规的边缘,而越是高水平的比赛,身体对抗就越发激烈。足球比赛中经常会使用全场紧逼,或者丢球后就地反抢,这就要求每一名球员都有很高的防守意识和能力,能第一时间最大限度地给对方施加干扰。足球比赛中,中场位置对于球员的争夺最为激烈,比赛双方经常争得人仰马翻,并为此付出犯规的代价,比如使用凶狠的铲球动作进行断球,就往往在犯规的边缘。进攻方往往每推进一点,就有人被放倒在地,足球场上也有"留人不留球,留球不留人"的说法。在中场的绞杀战中,技术固然是基础,但凶狠的拼抢也至关重要,这样才能形成后卫线前的屏障,这就要求防守球员敢于对抗,有防守硬度。对于进攻方,足球运动同样强调对抗能力,进攻方要在对方频繁的干扰下完成接球、转身、传球或者打门等动作,就需要很强的身体对抗能力,进攻球员经常需要利用自己强壮的身体护住皮球,再做接下来的动作。足球运动可以培养球员对抗的意识和习惯,即便那些并不强壮的球员也无惧和对方球员发生身体对抗,而且参与足球运动可以提高球员核心力量,可以让球员在激烈的对抗中从容地完成各种技术动作。

足球运动除了能对球员的技战术素养有巨大提升作用外,对参与者身体素质的锻炼作用也非常大。

首先是体能。足球是 90 分钟甚至 120 分钟(有加时赛时)的全场高强度对抗。三大团体项目中,足球场地远大于另外两个项目。球队的攻防都需要球员大范围地奔跑,比如边后卫在进攻时经常助攻到前场,而一旦丢球,又很快回到本方腹地防守,对体能要求极高。尤其现代足球攻防速度越来越快，双方反复拉锯，不给对方喘息调整时间，让比赛节奏越来越快，对抗越来越激烈。球员一场比赛下来跑 10 千米是常见的事。一支球队水平的高低跟体能往往有直接关系，比如一些弱队面对强队也许开始时可以凭借积极拼抢，能与强队周旋，而一旦进入下半场，体能下降，技术动作变形，无法组织有效进攻，防守上也容易出现失误，跟不上对手节奏，就顶不住强队一波又一波的进攻，从而崩盘。这也是一些业余队无法跟职业队正面较量的一大原因，也许业余队球员的小技术配合都不错，但受制于体能，很难与职业队抗衡。那些顶级球队都极为重视体能训练，而赛季前的备战训练工作就显得极为重要。武术中讲究对下盘的锻炼，拥有强健且耐力持久的双腿，整个人的身体素质也会相当出色。

其次是速度。足球比赛攻防双方技术动作往往都是在高速奔跑中完成的，比如带球突破、插上进攻、抢前断球、回追防守等。进攻上唯快不破，边路快马凭借风驰电掣的速度能迅速摆脱对方跟防球员，在其他球员没有补防之前，已经直插对方腹地，深入禁区完成攻门。而防守者，作为球门前的屏障，更是要有一流的速度，不仅绝对速度快，转身也要快，出现险情时迅速回防，务必化解可能的进攻威胁。因此顶尖的足球运动员其速度能力足以媲美职业短跑选手。C 罗的百米速度有 10.7 秒，贝尔的速度则有 10.37 秒。贝尔在 2014 年西班牙国王杯决赛中，“传给 3 秒后自己”的弯道超车，攻破巴萨大门的经典进球至今仍为人津津乐道。对于一般人来说，百米 11 秒左右已经令人望尘莫及，但对于足球运动员，这只是一般的水平。足球运动员的速度能力所看重的，还并非是完全加速后的绝对速度，而是30米左右短距离的加速变速能力，可以瞬间启动，跑动中又有很好的节奏感。速度是顶尖球员最重要的素质之一，而对于一支球队来说，在攻防两端都打出速度，才能掌控比赛主动，乃至赢得最后胜利。

再次是柔韧性与协调性。足球运动员要在足球场上完成各种技术动作，比如急转急停、停球、过人、射门、铲球等，都需要身体极为舒展协调，保持好平衡，以便于后续动作的连接。齐达内被称为"足球艺术大师"，就是因为他动作协调优美，令人赏心悦目。罗纳尔迪尼奥经常能完成杂耍一样的过人和天外飞仙式的进球，展现出极好的身体协调性、柔韧性。足球场上并非是又高又壮的球员才能一马平川，还必须兼具良好的协调性、柔韧性，即足够敏捷灵活，才能在球队找到位置。足球运动对球员从小的启蒙教育要求很高，比如小球员在五六岁就要接触足球，在十一二岁就要教授各种足球基本功，否则再大一点，技术动作定型，就很难改了。长期的训练和高强度的比赛，让足球运动员的肌肉关节变得强健有力，有出色的核心力量，让他们在参与其他运动项目时，动作舒展协调，而且不容易受伤。

最后是意志力与心理素质。足球运动对人的身体消耗很大，尤其是到了比赛后段，身体已非常疲劳，甚至有伤在身，但仍然要勉力拼搏，完成进攻，做好每次防守，靠的是精神意志、不服输的斗志、对胜利的渴望和球迷的支持，这些使得他们的身体迸发出巨大的能量，潜能得到激发。足球运动对球员心理素质的考验，集中体现在罚点球上，点球决胜是足球场上非常残酷的决定比赛胜负的方式，每一个罚球者都面临巨大压力。虽然罚球点离球门很近，但球门站着一位动作敏捷的守门员，这就非常考验罚球者的心理素质，很多著名球员或球队，比如球员巴乔、球队荷兰队，都数次在世界大赛上栽在罚球上，成为他们毕生的遗憾。经历过足球比赛洗礼的球员，不仅拥有顽强的毅力，心理素质也足够强大，使得他们即使参与其他运动，在关键时刻也能顶得住，发挥出较高的水平。比如林丹这位羽毛球界罕见的天才，比赛中就非常张扬霸气，在男团比赛中他总是非常稳健，敢于发挥，拿下对手，让国羽占据良好形势。而林丹正是一位足球爱好者，他曾在一场业余足球比赛中头顶脚踢打进六球，显示出不俗的足球天赋，他在羽毛球上的稳健发挥，以及关键时刻的强大心理，或许也是得到足球运动的帮助。此外足球运动中的心理博弈，对规则的合理运用等，如能运用于其他项目，也会产生良好效果。

除了以上提到的“超级丹”是位铁杆足球迷外，国球乒乓球的一大主力国手，大满贯得主张继科同样是位足球迷。张继科出生在足球城市青岛，从小就很喜爱足球，如果当初他选择足球作为发展方向，也许会成为一名很优秀的足球运动员。当然张继科还是选择了乒乓球，并且年纪轻轻就夺得大满贯，让人惊叹。而他帅气的外表和张扬的个性也让他赢得无数粉丝的喜爱。国家乒乓球原主教练刘国梁说张继科是有大智慧、大思维的人，在关键比赛中，总是能显示出高人一筹的处理球能力，因而能异军突起，把握住机会，在大赛中折桂。张继科的大智慧、大思维与他从小接触足球是不是有很大关系呢？足球比赛中的各种战略战术显然会让他处理球时更加得心应手，从容不迫。另外，国家围棋队的很多队员也都是足球场上的高手……

# 第三章 世界篮球可分为足球式篮球和橄榄球式篮球

## 第一节 世界篮球技术流派划分的依据和分布

篮球是世界三大团体球项目之一,也是在中国广受欢迎、拥有良好群众基础的运动项目。姚明、王治郅等球星加盟 NBA,更是将国人对于篮球的狂热推向高潮。然而,时至今日,中国篮球包括国家队、职业联赛、大学联赛虽有长足进步,但整体水平离世界一流水平仍有较大差距,这些年也并没有涌现出多少可以冲击 NBA 的天才球员。而要改变中国篮球停滞不前、顶级球星少的现状,就要分析研究世界篮球发展的基本规律和趋势,从中找到解决之道。同时通过梳理总结世界篮球的流派、起源、优劣对比等,对世界篮球的竞争对手有更深的认识,洞察 NBA 各豪强兴衰更替的内在驱动力。

依据基础性运动理论,世界篮球两大主流篮球流派分别是足球式篮球和橄榄球式篮球,也就是传统意义上的欧式篮球及美式篮球。欧式篮球和美式篮球代表了当今世界两种主流的篮球风格。前者以擅于团队配合、球员基本功扎实、节奏快为显著特点，是团队篮球的典型代表；后者则以打法直接犀利、球员身体素质和个人能力强、防守强硬纵横世界。为什么世界会同时出现两种风格迥异的篮球打法呢？这是因为足球是欧洲等大洲的基础性运动，而橄榄球是美国的基础性运动。

在欧洲，足球是主流运动，在这种浓厚的足球氛围中，他们的篮球运动员或多或少受到了足球运动的熏陶。比如，他们习惯于足球的快节奏、默契配合、严密防守等，并以同样的要求对待篮球。更主要的是，那些早年习练足球、有精湛足球技艺的人，转打篮球更容易获得成功，与同时代的球员相比，有很大的竞争优势，他们的独特打法及所呈现的鲜明的足球式篮球风格，也会受到球迷和媒体的喜爱和追捧。当这些有成功篮球职业生涯的球员转型做教练以后，也会把足球运动融入篮球运动所形成的新的战术打法理念传授给年轻球员。久而久之，这些足球发达的区域，便形成了深受足球运动影响的篮球文化或篮球理念。因而这些地区的篮球风格可以被称为“足球式篮球”。同样，在美国，那些早年曾参与过橄榄球运动，有橄榄球运动员级别的强悍身体素质的球员，更容易在篮球赛场中取得成功，他们所具有的打法理念逐渐变成主流，这种打法理念是带有鲜明橄榄球运动痕迹的，形成了深受橄榄球运动影响的篮球文化或篮球理念。因而，美国传统篮球的风格可以被称为“橄榄球式篮球”。

足球式篮球主要分布于欧洲、南美洲、非洲及亚洲的部分地区，而又以欧洲篮球为典型代表，因此可以称为“欧式篮球”。比如塞尔维亚、西班牙、阿根廷等都是足球式篮球强国。橄榄球式篮球则主要分布于北美洲、大洋洲地区，以美国为主要代表，可以称为“美式篮球”。足球式篮球与橄榄球式篮球都具有鲜明的技战术风格，都代表了当今篮球的最高水平。显然居于世界篮球中心的美国，以其纵横世界篮坛的橄榄球式篮球占据顶峰，然而这些年也越来越多地受到足球式篮球的影响。在世界排名靠前的男篮队伍中，除了美国、加拿大、波多黎各、澳大利亚等国家外，其他大部分世界篮球强国都主打足球式篮球。特别是世界篮球的另一极——欧洲篮球，由于欧洲球员优异的身体条件、良好的战术素养、高水平的联赛环境，让欧洲球队在世界赛场都有着很强的竞争力。这些年有越来越多的欧洲球员登陆 NBA，欧洲篮球也不断向美国篮球发起挑战。

为什么篮球运动不能只靠自身建立起特色鲜明又极具竞争力的技战术体系呢？这与篮球运动自身的特点有关，篮球是出场人数最少的团体球类运动之一。一支篮球球队最多只有 5 人上场（三人制篮球则更少），这就意味着每个人都具有相当大的处理球的自由度，并不特别强调团队配合。篮球运动员只要个人能力够强，原则上可以随时完成进攻，于是我们看到篮球场上一个人带球突破过人，一条龙完成进攻的情况非常普遍。这种单打独斗完成进攻的情况，在其他运动项目中，比如足球就很少，而排球一般都需要两次传球才能完成进攻。篮球运动有进攻时间限制，国际篮联是 24 秒，进攻方没有充足时间组织精妙复杂的进攻战术，仅经过简单的配合就要出手投篮，也就很难形成复杂完整的技战术体系。此外,篮球运动中对身体天赋依赖太大,一位拥有出众身体条件的球员出现在球队中,可立马改变球队的战术打法。比如一位身高2米多、体格强壮、技术全面的球员出现在平均1.8米身高的球队中时,球队的打法可能就变得很简单了,只要把球交到内线大中锋手中,然后欣赏得分表演就行了。因此篮球运动中个人发挥的空间较大,难以形成成熟的、面对任何对手都行之有效的技战术打法。

篮球运动对于身体天赋的极高要求,加之篮球运动的比赛特征,让篮球运动缺少独立演进发展的特质潜力,而很容易受到其他运动,特别是更典型团队运动的影响,比如足球、橄榄球。篮球运动本身并不能充分强化提高球员的各项身体机能,比如速度、力量、柔韧性、耐力等。篮球运动员要保持很高的竞技水平,并在不长的上场时间中有完美的发挥,需要通过诸多其他辅助的训练手段来提高自己的各项素质机能。比如,专项练习速度、爆发力、力量、耐力、协调性等。毫无疑问,要充分锻炼提高各项身体机能,进而在竞争中取得优势,需要运动员在训练场或者健身房付出大量的辛勤汗水,这显然对于任何球员都是很高的挑战。此外,高强度的训练也会带来伤病的风险。而如果能在打篮球之前先参与另外一项运动,比如足球或者橄榄球运动,通过参加足球或橄榄球运动训练和比赛,就可以全面提升各项身体素质,尤其是速度、耐力、对抗、协调性等,显然能起到事半功倍的效果。对于年轻球员来说,在身体天赋大体一致的情况下,那些能充分挖掘身体极限潜能的球员,会更有可能在竞技体育中占据上风。而不管是足球还是橄榄球都能挖掘人身体的极限潜能。

在技战术意识层面,如果纯粹通过篮球运动本身去锻炼和提高,是非常漫长艰辛的。相比之下,在身体素质层面可以通过大量刻苦的训练去提高各项身体素质,比如体能、速度、对抗等。但是在技战术意识方面,就很难通过训练进行根本上的提高,这并不是单靠演练一些固定的战术套路就能做到。篮球场上的形势瞬息万变,机会稍纵即逝,需要灵活运用各种配合战术,当机会出现时,只有形成条件反射式的处理,才能抓住战机,创造得分机会。而且队友之间跑位配合要非常默契,做到球到人到。做到这些,球员需要严格的训练并且参加大量的高水平的篮球比赛,来不断地总结经验教训,进而提高技战术意识及场上的执行能力。但职业联赛往往不会给予年轻球员那么多比赛历练的机会。而且,一支球队经常面临人员变化大的问题,尤其是国家队的比赛,球员往往是临时编组,相互并不熟悉,如果不能都具备极高的技战术意识,配合起来就会更加困难。而足球及美式橄榄球运动都是 11 人的团队项目,球员可以通过参与足球或橄榄球训练及比赛充分培养场上技战术意识、大局观、团队配合能力等,让球员很早就能具备良好的技战术素养,显得成熟老练,从而在年轻球员中脱颖而出。此外,足球或橄榄球运动对球员技术运用合理性、球感、比赛节奏、机会把握能力等的提高也是很显著的。

一个国家或地区的篮球风格的形成,取决于所在国家或地区更加主流,且能符合基础性运动要求的运动项目是什么,这些运动项目也就是所谓的篮球的“基础性运动”。在欧洲、南美洲等世界大部分地区,足球都占据绝对统治地位,因而这些国家地区的篮球受浓厚足球氛围的熏陶,形成足球式篮球。比如,一些小球员,从小崇拜着几位足球巨星,看着他们国家的足球联赛长大,有忠实支持的球队。自己平时酷爱足球,有不错的足球技术,梦想有朝一日也能成为职业足球运动员。但因为长得太高,或被职业俱乐部淘汰,而改打篮球,于是他们把对足球的理解应用于篮球,他们打出的篮球就会带有明显的足球特征。同样在北美、澳洲等橄榄球氛围浓厚的地区,则形成了橄榄球式篮球或美式篮球。总体来看,一个国家或地区的篮球水平,与该国或该地区的橄榄球、足球运动的发展水平呈现正相关关系。该国或该地区的篮球基数和篮球运动普及程度反而不是最重要的。以足球式篮球为例,一个国家的足球水平越高,那么这个国家的篮球水平也往往不低。比如,世界篮球强国西班牙、法国、意大利、阿根廷、巴西等,都拥有足球领域的世界强队。

我们可以从世界篮球实力分布和各国篮球人口的明显不对称中看出,足球或橄榄球运动对于一个国家地区篮球水平的影响。根据国际篮协(FIBA)的资料显示,美国打篮球的有 2150 万人,这与美国世界篮球的霸主地位是相匹配的。美国国内的篮球整体水平非常高,2008 年北京奥运会前,就有美国评论员说,以参赛的伊朗男篮的实力为标准,美国国内有十万人可以参加奥运会。前 CBA 山东男篮名宿、来自美国的外援麦克·图科,尽管只拿着 2 万美金的月薪,打球却兢兢业业,展现出了很高的竞技水准,可以说是典型的低薪高能球员。麦克·图科非常珍惜在山东男篮打球的机会,认为自己能到 CBA 打球已经非常幸运,因为美国有能力到 CBA 打球的超过百万之多……尽管,篮球在美国只是橄榄球、棒球、冰球之外的第四大运动项目,但美国的篮球群众基础仍然非常雄厚,这是美国篮球强大的根本。同属北美的加拿大,也是美国以外唯一一个拥有 NBA 球队的国家,那里的篮球文化与美国高度一致,加拿大也是典型的主打橄榄球式篮球的国家。加拿大有自己的橄榄球联赛 CFL,全名加拿大橄榄球联赛,橄榄球是加拿大冰球以外第二热门的运动。加拿大籍篮球巨星史蒂夫·纳什和“加拿大飞人”文斯·卡特在 NBA 的成功,带动了篮球运动在加拿大的兴起。由于有良好的橄榄球运动基础,加拿大贡献了美国以外最多的 NBA 球员,包括 2013 年 NBA 状元安东尼·本内特和 2014 年状元安德鲁·维金斯。

与美国相比,其他很多篮球强国,如果按照国内篮球的开展普及程度,似乎有点名不副实。世界篮球第二号强国西班牙的注册篮球人口 40.5 万,传统欧洲劲旅立陶宛 31 万,曾击败美国男篮的希腊 18.2 万,“不好惹”的法国 5 万,亚洲的伊朗篮球人口 2 万。对于世界篮球老牌劲旅西班牙来说,斗牛加足球两项运动上的优越基础环境,以及国内一定的篮球人口,让西班牙很自然地成为足以比肩美国男篮的世界第二号队伍。尽管欧洲篮球强队众多,但是当他们面对西班牙队时,却很难逾越这座大山。对于其他欧洲球队来说,他们所依仗的足球式篮球体系的一切,西班牙篮球都具备,甚至做得更好;同时西班牙篮球却有着其他欧洲国家所不曾有的斗牛士篮球属性。这些年随着越来越多的欧洲球员登陆 NBA,

让他们获得了美式橄榄球式篮球的加成，这使他们代表自己国家参赛时更有可能击败西班牙，尽管征战 NBA 的西班牙球员也不乏其人。这些年表现极为抢眼的塞尔维亚，尽管国内人口只有 900 万左右，只相当于中国一个中等规模的城市人口，但是他们的国家队却清一色的由 NBA 球员组成。塞尔维亚的篮球之所以有如此高的水平，除了得益于塞尔维亚人优异的天赋条件，同时也与塞尔维亚良好的足球氛围有很大关系。塞尔维亚参加了 2010 年、2018 年两届世界杯，塞尔维亚 U20 青年足球队夺得了 2015 年世青赛冠军。对于欧洲大多数的国家来说，由于地处世界足球中心——欧洲，并且能参加一些高水平的篮球赛事，让那些即便篮球只是一个小众项目的国家，也能有很高的篮球水平，只要出现一拨有很高篮球天赋的球员，就经常能在世界大赛上一鸣惊人，所谓“欧洲无弱旅”。比如 2019 年在中国举办的男篮世界杯上，首次参加篮球世界杯（前世界男篮锦标赛）的捷克队，即打进八强。

南美的篮球劲旅阿根廷队、巴西队同样在足球领域有极高建树，都曾夺得男足世界杯桂冠，让他们即便在国内篮球基础很薄弱的情况下，也不缺乏能进入 NBA 的优秀篮球运动员，并且在世界级别的篮球比赛中有很强的竞争力。与南美的足球运动员一样，南美的篮球运动员也是球风狂野奔放，球员冲击力很强，他们既能打出组织严密、战术纪律强的欧洲团队篮球，同时南美篮球员的表现欲望、良好的运动能力等让他们的打法更加具有创造力，富于变化。南美的阿根廷是世界篮坛不容忽视的一支力量，他们曾在 2004 年力挫美国男篮夺得奥运会男篮冠军。与此同时，阿根廷男足还夺得雅典奥运会男足桂冠，由此阿根廷也完成了将两枚最具分量的金牌同时收入囊中的壮举。取得如此骄人的成就，看似偶然实则有其必然因素。在这片土地上，能孕育出马拉多纳、梅西这样的足坛最伟大的球员，同时也就能培养出吉诺比利、斯科拉这样的篮坛巨星。这些年阿根廷经济不景气，国内篮球联赛水平也无法与世界高水平联赛相提并论。很多阿根廷球员远赴欧洲打球，比如进入仅次于 NBA 的西班牙篮球联赛，学习先进成熟的欧洲团队篮球打法，让阿根廷篮球的技术和理念紧跟世界潮流。当然，阿根廷的年轻球员能快速适应对抗激烈、水平极高的欧洲联赛，离不开阿根廷球员从小打下的良好技术功底。显然阿根廷国内并不逊于欧洲的良好足球氛围让阿根廷球员很自然地做到这一点。阿根廷篮球结合了欧洲严密、纪律性强的团队篮球及南美独有的篮球风格，这也是他们能在多次世界大赛中力压众多欧洲球队的重要原因。

中国是世界篮球人口绝对大国，有近 3 亿篮球人口，比全世界其他国家打篮球的人加起来还要多，但篮球水平却与世界强队相去甚远，究其原因，主要是在橄榄球或足球运动开展水平上与篮球强国差距较大。中国的橄榄球的群众基础几乎为零，在足球领域虽然成绩稍好，但是过往中国足球运动的开展仅限于专业体系的人群，绝大多数青少年没有机会从小接受系统正规的足球训练或参加足球比赛。当然这些年，中国开始重视和发展校园足球，会让这种情况得到一定改观。足球或橄榄球基础较差使得中国篮球虽然基础庞大，但更多是低水平的重复建设。尽管中国很多年轻球员有良好的身体天赋,对篮球运动也充满热爱,但中国篮球却很难培养出真正高水平的篮球运动员。在技战术理念上,由于缺少成熟先进的技战术体系,中国篮球在打法上也显得落后和原始,空有身体天赋和斗志拼劲,在重大比赛中也很难与那些中上流的球队相抗衡。20 世纪末国内也曾掀起足球热潮,校园里的篮球场甚至被挤占用于踢足球,当时中国篮球也达到了前所未有的巅峰,1994 年世锦赛、1996 年奥运会连续首次打进赛事八强。这些年踢足球的人大幅减少,打篮球的人越来越多,中国篮球成绩却与足球一样不断下滑,值得中国篮球管理部门去反思。

与中国类似,篮球是菲律宾的国球,菲律宾有 2000 万的篮球人口,菲律宾人打篮球的热情非常高涨,世界拳王帕奎奥退役后还曾短暂征战菲律宾的篮球联赛。菲律宾的篮球风格受美国篮球影响较大,NBA 在那里非常受欢迎。但是由于菲律宾国内并没有美式橄榄球运动的基础,使他们的篮球水平与美国有天壤之别,仅通过不断规划外援才在亚洲挤进二流行列。显然,菲律宾要想让他们的球员真正像美国球员那样打球,还要先把橄榄球运动发展起来才行。

## 第二节 足球式篮球或欧式篮球的特点

足球式篮球继承发扬了足球运动很多优良的技战术特点,从而展现出极具观赏性和竞争力的篮球风格,具体表现在以下几个方面。

首先,节奏快是足球式篮球的最大优势,球员擅于在高速对抗中完成各种技术动作。曾在男篮世锦赛上绝杀斯洛文尼亚的王仕鹏,在观看了2017年塞尔维亚与斯洛文尼亚的欧锦赛决赛后感慨道:"决赛精彩万分,现代篮球大趋势:速度,速度,速度。天下武功,唯快不破。"欧式篮球之所以能打出如此速度快又精彩激烈的篮球,就在于欧洲极佳的足球氛围,那里是世界足球的中心,欧洲人只是越来越多地、越来越彻底地把足球运动的技术和理念运用于篮球运动中而已。

足球式篮球的快首先是移动速度快。足球是一项有极致速度的运动,可以说足球是除短跑比赛,速度最快的运动项目,很多足球运动员的速度足以媲美专业短跑运动员。足球场上的前锋要凭借风驰电掣的速度撕开对手防线,摆脱后卫追防,进入对手腹地,创造得分机会。而后卫线的速度同样不遑多让,后卫极佳的转身和回追速度让他们成为守门员前面最好的屏障。足球式篮球中,球员往往都有很强的速度能力,表现在启动快、变向快、移动快,可以瞬间占据身位上的优势。足球式篮球节奏快的特点在攻防转换中体现得更加淋漓尽致,他们会抓住对手退守不及时或注意力不集中的瞬间,发动快速反击,直插对手腹地,往往打得对方措手不及,从而获得轻松取分的机会,这就是俗称的“追着屁股打”。良好的移动速度也让足球式篮球运动员在防守端织起严密的防守大网。足球式篮球运动员可以通过快速积极的脚步移动,破解对方的进攻战术,让对手很难通过简单常规的战术创造投篮空当,尤其是对节奏较慢的对手。积极的脚步移动取位,也让足球式篮球运动员有很强的抢篮板及内线护框能力。足球式篮球防守非常有张力,当对方突入内线,或重点人持球时,会瞬间形成多人合围包夹,限制对方强点发挥,而当球转移出来时,防守则能迅速扩张,保持防守阵型。足球式篮球的防守非常有层次,球员之间注意协防补位,当对方进攻意图暴露明显时,就容易被限制。这些都是建立在防守者对进攻的预判和良好的脚步移动之上的。

足球式篮球的快还体现在动作速率快,擅于把握时机,失误率少,基本功扎实。足球比赛中,带球压到对方禁区附近的进攻球员,必须要提高处理球的速度,否则就可能陷入重围,而被对方球员将球权抢走,因此要迅速发动进攻,组织进攻战术。足球式篮球比赛中,球员处理球也是干净利落、果断合理的,不会因为迟疑粘球,贻误战机,浪费宝贵的进攻时间,或者被防守球员多人围抢断球。无球队员积极跑位,持球队员第一时间传球,由于在战术执行、传球、跑位等方面都能做到快人一步,加之足球式篮球运动员较好的战术意识,很容易就创造出进攻的空当。脚下速率是衡量一位足球运动员技术能力的重要指标,欧洲很多球员羡慕梅西的天赋,因为一般球员在完成一次触球时,梅西已经完成了六次,可见梅西拥有别人无可匹敌的脚下速率。足球运动员脚下速率快才能更好地完成传球、过人、射门等各种技术动作。足球运动员经常要在高速奔跑、激烈对抗中完成各种技术动作。比如在多人逼抢下送出精准的传球,找到前插的队友;或者当进攻方处于边角位置,瞅准时机,通过穿裆过人,完成突破,打开局面;抑或是进攻球员,高速内切,甩开空间,完成起脚打门,射入网窝。这些都体现出足球运动员扎实的基本功和时机把握能力。同样足球式篮球运动员也能在快节奏的攻防中,执行各种战术配合,保持进攻的章法,有很高的投篮命中率,并且控制失误。后卫高速突破过程中,依然可以在狭小缝隙中将球传出来,完成进攻配合。当对手竭尽全力试图完成一次成功防守,进攻时间即将到 24 秒时,足球式篮球运动员依然可以在最后一秒稳稳出手并命中。也许非足球式篮球风格的球队,可以通过长期刻苦的训练,勉强跟上足球式篮球球队的节奏,但是他们却很难在高速对抗中一直保持高水平的技战术水平发挥,容易造成动作变形、失误过多。

其次,足球式篮球球员都有充沛的体能,让他们可以保持整场的高速对抗。不同于篮球、排球运动进攻持续时间较短,经常有休息,足球是持续 90 分钟(甚至更长)的全场对抗,比赛连贯性很强,而且足球场要比篮球场、排球场等大得多,大范围奔跑对体能要求很高。高速冲刺、激烈拼抢存在于球场的每个角落,足球运动赋予足球式篮球运动员充沛的体能,还有永不言弃的拼搏斗志。足球式篮球运动员全场都能保持兴奋且专注的精神状态,当对手松懈时,就能抓住机会,建立优势。足球式篮球运动员还擅于利用突发状况,发动迅雷不及掩耳的进攻,比如当对方刚完成一个投篮命中,还沉浸在愉悦的情绪中时,本方已经长传发动反击,轻松拿下两分。由于体能的保障,也许在篮球比赛的前两节,对手可以勉强抗衡,跟上比赛节奏和防守强度,但是到了第三节或第四节,当对手体能下滑而足球式篮球运动员依然势头不减时,就可以趁势反扑。很多打足球式篮球的球队,会在第三节或第四节突然发力,比赛节奏骤然加快,经常能一波流拖垮对手,带走比赛。

再次,足球式篮球运动员都具有良好的技战术素养,进攻组织行云流水,配合流畅,篮球智商很高。由于在足球比赛中,进攻方推进到前场时,其人数通常少于防守方,且防守压迫性骤然加大,进攻方必须加快出球进攻的速率节奏。因此,在足球式篮球中,进攻方一旦进入对方半场会立即发起进攻组织,传球跑位,不会盲目带球。足球比赛中,传球与跑位必须恰到好处,插得坚决,传得到位,才能撕裂对方防线,让接球者处于进攻有利位置。足球式篮球中,无球队员会积极跑位,反复穿插,而持球者会观察好队友跑位和防守站位,第一时间果断地传球,因此足球式篮球的球队即便在对方严密的防守中,也能找到传球空当,传球组织显得非常合理,让局面豁然开朗,给队友创造轻松得分的机会。一旦防守方出现明显漏洞,比如篮下漏人,足球式篮球运动员进攻者会凭借大局观和良好的洞察力,第一时间抓住这稍纵即逝的机会,把球传过去,此时对手只能望球兴叹。NBA 的明星后卫隆多说,他经常研究马刺后卫托尼·帕克的跑位,以便在无球状态下,也能给球队带来更多帮助。显然如果隆多更多地领略足球运动的真谛,会有助于他洞悉篮球场上无球跑位的奥妙所在。由于足球比赛没有进攻时间限制,进攻可以非常复杂,套路很多,而当真正发动进攻时,又必须在短时间内让进攻参与者统一步调,完成进攻组织配合。因此足球式篮球中进攻方会有非常多的进攻组织选择,对常用的篮球进攻战术更是烂熟于心,且能灵活运用。因此足球式篮球进攻发起果断坚决,战术执行得当,配合流畅,即便进攻时间仅有 24 秒,仍能打出很多内容,组织有效的进攻战术,进攻效率很高。有必要提到的是,足球式篮球中的配合组织多是在高速高对抗的情况下完成的,在对方严密布防下,仍能见缝插针地传球完成进攻配合,足见其合理性、有效性。因此正如一些篮球人士提到的,把这种足球式篮球或欧式篮球称为“哲学”也不为过。

此外,足球式篮球盛产优秀后卫,且进攻发起者不仅限于后卫,场上人人都可以是进攻组织者,球员技术全面,可胜任场上多个角色。在足球项目实力相对均衡的比赛中,即便是世界上最优秀的球员也不可能只靠单打独斗取得进球,更不要说赢下比赛。而且球在脚下也不能停留过长,否则会有多名对方球员围拢上来夹抢。因此,足球项目中,传球是球员首先要做的,而且必须要快速完成带球、摆脱、传球等动作。这种传球的意识与能力也是篮球运动对于控卫的基本要求。对足球式篮球的控卫来说,传球是第一要务,眼中并不是只有篮筐。拿球后他们会第一时间寻求与队友配合的机会。足球场地很开阔,进入前场,本方球员和对方球员往往站位密集,足球运动员往往需要有良好的传球视野和大局观,能注意观察队友跑位,及时送出恰到好处的传球。在场上良好的视野和大局观也正是篮球控球后卫所需要的,优秀的篮球控卫需要时刻观察场上形势，把握稍纵即逝的机会，送出绝妙助攻。足球运动员需要有良好的基本功，对于中场组织核心更是如此，他们脚下动作需要干净利落，在对方凶狠的逼抢下，依然能控制球权。当队友出现空当时，能第一时间送出传球，发动进攻。因此，我们可以看到足球式篮球控卫往往有扎实的控球基本功，在高强度的攻防对抗中，依然能掌控大局，动作速率快而且合理，不拖泥带水；传球时机拿捏得当，而且传球手法犀利，充满想象力。

足球场上进攻不只是前锋的事情，中后场球员也需要适时参与进攻或发起进攻，比如边后卫插上助攻，中后卫可以直接长传找前锋，当本方牢牢掌控中场后，球队整体可能都会压倒对方半场，组织阵地进攻。足球式篮球中每个人都能成为进攻组织者及终结者，篮球在进攻方不停地倒传，其他球员则不停跑位，对方稍一不注意露出空当，就可能被抓住，这就让防守者无所适从，疲于奔命，很难通过掐住重点人，限制对方的进攻，比如夹防后卫，因为其他球员同样可以组织好进攻。足球式篮球中进攻发起者多元最典型的就是中锋位置了。篮球场上传统中锋，大多运控能力差，移动缓慢，他们多被当作进攻终结者。而足球式篮球中，中锋则往往成为组织策应核心式球员，比如 NBA 掘金队的约基奇、加索尔兄弟所扮演的角色。在灰熊队时期，几乎每次阵地进攻都要交到加索尔手中，由他分配传倒。在 NBA 收获巨大成功的中国球星姚明，同样是前场组织策应的高手。足球式篮球中锋为何有这样的绝技，源于足球场上中锋所承担的责任使命。足球场上大中锋要起到前场进攻支点作用，能拿得住球，还要能在后续队友压上时及时分球，组织进攻,可以说这是一名合格中锋必备的能力。这样就不难理解足球式篮球中锋所发挥的强大组织策应能力了。

由于足球式篮球中每个人都具有良好的组织传球能力,在转换进攻时,比如防守方抢下篮板或断球成功,就可以第一时间发动进攻,传给空当中的队友,不会因为中间传给后卫组织而迟滞进攻,这让球队打法更加立体,节奏更快,效率更高。足球式篮球青训理念中,并不过早地划分球员在场上的位置,篮球的各项技术都要训练,这就让球员位置模糊化,打法更加整体。同时,这种青训理念对球员未来成长也是大有裨益的,比如一些因为在基层青年队身高天赋出众主打中锋或大前锋的球员,在进入更高级别球队或成年队时未必有身高上的优势,如果从小练习了篮球各项技术,就不会因为长大后天赋平平、技术单一而被淘汰,此时可以转型做后卫等角色。NBA 雄鹿队的"字母哥"(全名为扬尼斯·阿德托昆博),天赋出众,技术细腻,进攻手段多样,很多比赛在得分、篮板、助攻、抢断、盖帽等数据上都位居全队第一,而且身高 2.17 米的"字母哥"还经常担当组织后卫的角色,上天为什么如此垂青一个人?"字母哥"的全面表现来源于天赋和努力,主要还是得益于他的足球基因("字母哥"的父亲是足球运动员,"字母哥"早年也是踢足球的,而且表现很不错)及希腊良好的足球环境。

最后,足球式篮球运动员往往基本功扎实、技术动作流畅连贯,且有良好的心理素质。之前提到足球是将技术发挥到极致的运动,而足球式篮球运动员也追求场上完美的发挥。足球场上的一次成功的进攻配合,尤其是在大赛的强强对话中对手施加很大防守压力的情况下，都需要场上球员近乎完美的配合表现，比如不失时机的传球、恰当的跑位、合适的脚法运用等，要做到这一点，离不开平时刻苦的训练、对比赛的专注等，当然一场场足球比赛本身就是对他们技术的不断锤炼和提升。足球场上除守门员及一些特殊情况如发边线球，球员都只能用手及手臂以外的部位触碰皮球，来完成各种技术动作，这培养了球员良好的球感。因此当他们可以用手实现面的包裹来控制皮球时，就会显得驾轻就熟、游刃有余，处理皮球显得随心所欲。他们不仅有花哨娴熟的运球，也有如制导炮弹一样精准的传球，还有百步穿杨的投篮。来自约旦，曾效力于 CBA 天津、吉林等队连续四年夺得 CBA 助攻王的亚洲原第一后卫道格拉斯，其运球处理球就非常简洁流畅，合理有效，很容易就甩开防守者，扯开传球空间。

足球式篮球运动员往往有很强的机会把握能力，在足球比赛中，要获得射门机会很难，因为数名后卫会迅速靠拢干扰，施加身体对抗，门将也时刻准备将球没收。即便在禁区外，如果要射门也很容易被奋力防守的后卫堵住射门线路。当射门机会出现时，进攻球员在高速奔跑和对方干扰下既要闪开射门角度，又要射出速度、角度、弧线兼备的球，攻破对方守门员把守的大门，其难度可想而知，那些顶级球星往往有极强的机会把握能力，能抓住转瞬即逝的机会，完成破门得分。与足球运动相比，篮球场上投篮就容易多了，一旦出现空当，足球式篮球运动员往往能稳稳命中，良好的空间感及身体协调性也让足球式篮球运动员时常能命中高难度的投篮。前小牛队（现改为独行侠队）当家球星、NBA 总冠军获得者诺维茨基就以投篮精准闻名于世,他经常能命中不可思议的高难度投篮,即便是在失去重心的情况下,也能用中指柔和地投出篮球。来自意大利的贝里内利也擅长漂移着命中三分远投。还有一项能反映足球式篮球运动特点的技术环节就是罚球。足球式篮球运动员罚球大多很稳定,干净利落,即便在关键的罚球上也能如此,保持较高的命中率。这是源于足球比赛中罚球所经历的考验,足球比赛中的罚点球,虽然球门比篮筐大了太多,但门口有位守门员,还必须越过其十指关,与其斗智斗勇。加之罚点球大多直接影响比赛胜负,这就给罚点球者带来巨大的压力,非常考验人的心理素质。相比之下,篮球罚球就容易得多,只需要稳稳投进即可,不需要担心被封出去。因此足球式篮球运动员罚球会很从容自信,出手果断,命中率也很高。主要由打足球式篮球的欧洲国家组成的FIBA国际篮联,甚至限定了5秒的罚球时间,因为对他们来说,罚球实在是一件简单事情,没必要耽误太多时间。

足球式篮球运动员往往有出色的脚步,来自欧洲的球员尤其是中锋大都篮下技术扎实,这也是“欧洲步”的由来,扎实的脚步动作也是足球式篮球运动员的最大标签。足球式篮球运动员蝴蝶穿花般的梦幻脚步来源于足球运动对于步法的锻炼,足球运动员需要用脚完成各种技术动作,比如停球、过人、传球、射门等,因此当他们来到篮球场,很容易就掌握篮下脚步的要领并能灵活运用在实战中。此外,足球运动赋予了足球式篮球运动员良好的柔韧性和协调性,让足球式篮球运动员即便身材很高大,也不失迅捷灵敏,动作幅度大且富有美感,假动作逼真,在篮下往往能避实就虚,晃开防守,轻松拿分。来自阿根廷,曾效力 NBA 火箭队和 CBA 山西队、上海队等的“钻石”斯科拉,就以其流畅华丽又变化无穷、经常晃得对手放弃防守的篮下脚步为人们津津乐道。足球式篮球运动员扎实的基本功并非来源于长期刻苦的训练和比赛,而是建立在良好的足球基础之上,让他们在很短时间内就能适应篮球运动的特征和规则。

我们看到很多 NBA 的国际球员从足球改练篮球后,经过几年的训练和比赛就能达到很高的水平,并能与美国本土经过长期专业刻苦训练、高强度的比赛和层层选拔的篮球精英们一较高下。比如来自传统足球热土非洲喀麦隆的恩比德,16 岁才接触篮球,他只看了 6 天的 YouTube 就学会了奥拉朱旺的梦幻舞步,仅用了 4 年时间就成长为 NBA 最炙手可热的中锋。无独有偶,恩比德的喀麦隆同胞,现效力于多伦多猛龙队的西亚卡姆,同样是 16 岁开始打篮球,25 岁时就拿到了联盟顶薪,签下 1.3 亿美元的大合同。西亚卡姆已经成为联盟冉冉升起的新超巨,他同样有着细腻而全面的技术,表现进步神速,也让人看到很多区别于美国本土球员的地方。西亚卡姆同样有着鲜明的足球印记,他在一次队内的颠球比赛中,曾连续颠球 52 次,足以看出他深厚的足球功底和良好球感。足球式篮球运动员在比赛中巧妙运用足球技巧,时常灵光乍现的发挥,是在其他环境中成长起来的球员即便通过刻苦训练也很难做到的。有人说这是因为他们的篮球天赋,他们是难得一遇的篮球天才,其实并非完全如此,主要是因为他们周围狂热的足球氛围和从小踢足球的经历。足球式篮球运动员对于技术追求和锤炼是永不停歇的，相比于其他体系下培养的球员，他们的可塑性也更强。通过模仿借鉴顶级巨星的技术、更多专业比赛的历练和对篮球运动理解的更加深入，足球式篮球运动员的技术会愈发精湛，让他们具有很大的成长潜力。随着比赛经验的积累，将足球技巧和理念运用于篮球运动也会更加纯熟，这也将在很大程度上弥补年龄增长带来的身体素质的下滑，从而延续他们的职业生涯。

我们还能从其他一些地方看出足球式篮球的特点。比如足球式篮球运动员经常使用底线突破，回传中路切入球员的战术，让队友可以完成轻松的上篮得分，很容易想到足球比赛中球员下底传中战术。时常会看到足球式篮球运动员使用背后传球技术，显得很轻松写意，这也让人不由得联想到足球运动员惯常使用的脚后跟传球技术，往往达到出其不意的效果。马刺队传奇球星吉诺比利球风潇洒飘逸，经常能完成让人匪夷所思的技术动作，比如穿裆传球，让对手措手不及。这在一般的篮球比赛中很罕见，但是在足球比赛中，穿裆传球、穿裆过人、穿裆打门则屡见不鲜，足球式篮球运动员能灵机一动使用这个招数也就不足为奇。

## 第三节　橄榄球式篮球或美式篮球的特点

橄榄球式篮球最典型也最为球迷熟悉的代表就是美国篮球了。橄榄球是美国第一大运动，其他运动项目深受橄榄球运动的影响，美国篮球也不例外。在 NBA 中，大多数球队都是橄榄球式篮球的打法。

在进攻方面，橄榄球式篮球运动员大都具有很强的个人能力，身体素质强悍。在美式橄榄球比赛中，进攻球员，比如跑锋、外接手在接到四分卫传球后，接下来的进攻推进都要依靠接球者独自完成，因而对持球进攻队员的个人能力提出了很高的要求。在传统的美式篮球中，往往只经过简单的传球后观众就可以欣赏巨星的进攻表演，对那些超级巨星来说，他们可以依靠个人发挥在关键时刻主宰比赛。美国球员往往有强悍的身体素质，这让他们无论在进攻还是防守中都能占据很大的身体优势。同时美式篮球运动员劲爆的身体素质和天赋也让美式篮球极具观赏性，美式篮球运动员健美的身材令人过目不忘。而且美式篮球比赛中经常上演力拔千钧的扣篮、泰山压顶的盖帽、挑战极限的远射绝杀等，往往令现场气氛达到顶点，也吸引全世界无数球迷守在荧屏旁观看比赛。美式篮球比赛非同凡响的视觉冲击力和观赏性是 NBA 收获如此巨大商业成功的重要原因。

美式篮球运动员强悍的身体素质也源于橄榄球运动。橄榄球是一项对抗非常激烈、对身体素质机能要求极高的运动项目，橄榄球运动员大多都是身材健壮的彪形大汉，其对身体素质的训练也是不遗余力，训练方法、手段也非常科学、系统、全面。美式篮球运动员往往拥有媲美职业健美运动员的强健身材，很多新秀进入NBA后都会增重，以适应NBA激烈的身体对抗。NBA球员会在休赛期泡在健身房或训练场，进行大量高强度、方法多样的训练，让自己在新赛季达到良好的竞技状态。乔丹、科比都是训练狂人，他们都热衷于“自虐式”的训练，来不断提高身体素质机能，打磨各种进攻技术。20世纪90年代初，赴美闯荡的中国球员马建，早年也刻苦训练，努力适应美式篮球系统，自评当时身体素质已经达到了美式橄榄球的基本要求。由于橄榄球运动对于身体能力的巨大提升作用，降低了篮球运动的天赋门槛，让那些小个子球员也具备很强的冲击力，无惧身体对抗，而能在长人如林的联盟中生存下来。比如艾弗森、罗宾逊、小托马斯、肯巴·沃克等小个子球员，都曾打出巨星身价。其中三届NBA扣篮王内特·罗宾逊就是打橄榄球出身的，这让他拥有极为劲爆的身体素质，曾完成飞跃霍华德的精彩扣篮，也曾大帽詹姆斯、奥尼尔等顶级球星，弹跳之优异让人为之叹服。

在进攻配合方面，美式篮球最典型的战术就是各式各样的挡拆战术。中国女篮球员邵婷曾试训于WNBA的明尼苏达山猫队，最令她印象深刻的就是训练时会演练各种掩护战术。挡拆战术或掩护战术是美式橄榄球中最基本的战术，进攻时为了掩护四分卫传球进攻，本方的中锋等球员会占好位置，组成“口袋阵”，全力顶住对方向前扑抢的防守球员，他们要时刻留心从不同角度斜插进来有可能威胁四分卫的防守者。美式橄榄球中，接球进攻球员同样需要组织各种掩护战术,由队友挡住防守者的前进线路,让接球者可以避开对方防守,成功接球推进。传统的美式篮球中,那些大块头、高大中锋也会受到各支球队的青睐,因为他们可以像橄榄球运动中主导攻防核心地带一样,支配双方的禁区,同时高大中锋可以凭借强壮的身躯为队友掩护,制造突破或者投篮的空间。巴塞罗那足球队曾借鉴篮球中的挡拆战术运用于开角球战术中,取得了不错的效果,而挡拆战术实际上来源于橄榄球运动。

在防守方面,美式篮球中的防守极为强硬,身体对抗非常激烈。美式篮球防守方会给予对方接球队员极大的压力,因为在橄榄球比赛中一旦进攻方接到球,很多情况下就意味着进攻战术配合的完成,而进攻方接到球,也要在第一时间内进行凶狠地擒抱,阻止接球者继续带球推进。因此,美式橄榄球运动中,如果无法第一时间阻止进攻方接球,也会在对方接球后,给予强硬的身体对抗和防守压力,让对手很难从容出手。美式篮球强硬的防守,在 20 世纪的 NBA 联盟比赛中体现得更加明显。乔丹在评价他们那个时代篮球与当今篮球的差别时说,他们打篮球时,如果切入禁区,很难毫发无伤地离开禁区,可见当时身体对抗强度比当今的联盟要大得多。

美式篮球的防守中抢断或者叫抄球很多,防守者往往有很强的线路预判能力,对方传球时能迅捷杀出,断球反击。美式篮球防守时的断球往往是快准狠,让进攻者即便切入篮下仍然难以觅得出手空间。比如效力于金州勇士队的防守悍将伊戈达拉,就是一位切球高手,经常能送出快准狠的切球,完成关键防守。美式篮球的防守球员断球功力了得,也来源于美式橄榄球运动,美式橄榄球中只要持球者接球后没有抱球倒地，如果防守方直接抢断进攻方四分卫的传球，那么将发生进攻球权转换，防守者可以伺机断球反击。其中抢断四分卫的皮球最具诱惑力，因为四分卫往往站在进攻线的最后端，而且四分卫害怕被判误攻，球经常迟迟不能出手，就给了防守方拍球抢断的机会。抢断了四分卫，就可以一马平川，反击达阵，然后享受球迷山呼海啸的欢呼声。美式篮球的防守压迫性、凶狠的断球及犀利的反击，往往令其他流派的篮球队伍很不适应。比如1992年巴塞罗那奥运会第一次允许NBA职业球员参加奥运会，美国队云集了“飞人”迈克尔·乔丹、“魔术师”埃尔文·约翰逊、查尔斯·巴克利、奥拉朱旺等巨星，可谓是群星闪耀、光彩夺目，其他球队面对美国队强硬的防守时往往一逼就乱、一抢就断，无从招架，最终美国队场均净胜对手43分，毫无悬念地夺得冠军，在奥运会上大放异彩的美国队也获得“梦之队”的美誉。

此外还能从其他很多方面看出橄榄球运动对美国篮球风格的影响。比如美式篮球运动员经常用到的橄榄球式上篮，球员上篮时会用抱橄榄球的方式抱住篮球，防止被切。NBA比赛中经常能看到双方球员在争抢地板球时扑倒在地板上，人仰马翻的情况。而这种双方球员扑倒在一起，在橄榄球赛场上就很常见。NBA中经常上演的空接暴扣好戏会瞬间点燃现场观众的热情。只见，后卫将球往空中一抛，空接球员心领神会，纵身一跃，空接暴扣，或者空接球员事先对后卫打手势，寻求空接配合。这种进攻方式很容易让人联想到橄榄球比赛中，四分卫精准传球，跑锋飞身接球，从而接球完成进攻推进乃至完成达阵的场景。美式篮球经常会五上五下，换人比较频繁，经常会暂停布置战术，教练员会激情澎湃地激发球员的斗志。这些都与美式橄榄球很相似,美式橄榄球中需要经常大面积地换人,换上防守组或进攻组。球员头盔中有耳机,这样教练就可以布置各种战术,比赛间歇,教练也会不停地鼓舞球员斗志,保持场上的专注。

在很多 NBA 比赛的最后时刻反而会变得愈发精彩,双方斗智斗勇,能打出很多内容,尤其是最后决定比赛胜负的几次进攻,此时比赛活脱脱变成了橄榄球比赛。进攻方会像橄榄球比赛中的进攻一样,精细布置组织一次战术,防守方也是严阵以待。进攻方与防守方球员会站成两排,就像橄榄球比赛那样,边线球员开始发球时,接球队员会大范围跑位,而防守者则是极力限制进攻球员接球,接球队员即便接到球也很难获得从容的出手机会。对于一次进攻战术的精心布置加上球员较强的个人能力,让美式篮球在处理关键球上更胜一筹。

美国球员早年或多或少都有参加橄榄球运动的经历。以下列举一些 NBA 巨星与橄榄球的不解之缘。

威斯布鲁克。原雷霆双星之一,在 2011 年 NBA 因劳资问题停摆期间,他就考虑去打橄榄球,并表示自己是一名出色的外接手,如果让他做出达阵,他也能做到。可以想象,以威斯布鲁克素质劲爆的身体和篮球场上快如闪电的表现,他在橄榄球场上也是难以阻挡的。

奥尼尔。NBA 巨无霸超级内线,多次扣碎篮筐,NBA 联盟甚至为他重新选择篮球架材质。最初他并不是打篮球的,而是打美式橄榄球的,喜欢用他的大手惩罚对手。但是,当奥尼尔得知一名篮球运动员签了 1500 万美元的合同时,他改变了自己的想法,决心成为一名篮球运动员。

詹姆斯。高中时代,詹姆斯曾是橄榄球和篮球“双栖球员”,是出了名的外接手,曾经两次获得俄亥俄州最佳外接手称号。詹姆斯高中时期还曾当过四分卫,这也难怪他在进入 NBA 后,有那么出色的视野和传球技巧了。

莱昂纳德。现效力于快船队的莱昂纳德,是一位攻防兼备的球员,身体极其强壮,他以“死亡缠绕”折磨了无数的进攻球员,而他早年也是打橄榄球出身的。

艾弗森。曾同时带领球队夺得弗吉尼亚州橄榄球、篮球高中冠军的艾弗森,心底上更加喜爱对抗强硬的橄榄球,但因为他的母亲不希望他因打橄榄球使身体受太多冲撞,进入大学后,艾弗森才开始专注于篮球。艾弗森打篮球时依然展现了他参加橄榄球运动时一往无前的犀利和强悍,他的拼搏精神更是让他在很多时候宁愿带伤作战。

锡安。2019 年选秀状元锡安,身体素质极为强悍,身高 1.98 米,体重却有 130 公斤,比很多中锋都要重,能飞善扣,在内线翻江倒海。锡安有如此出众的天赋并不意外,他的生父就是一名橄榄球运动员。

与大多数美国人一样,美国 NBA 球员是如此喜爱橄榄球运动,他们会经常抽空去现场为支持的橄榄球队加油,或者在比赛间隙,在更衣室里观看橄榄球比赛直播。NBA 球员甚至会在休赛期打橄榄球比赛来热身。经常关注和参与橄榄球比赛,加之早年良好的橄榄球运动的功底,使他们的篮球风格深受橄榄球运动影响也就不足为奇了。

## 第四节　足球式篮球与橄榄球式篮球的类似之处

作为当今世界篮坛主流的两种篮球风格，足球式篮球和橄榄球式篮球都经历各种大赛、各路强队的考验，取得各自的成功，很多地方必然是相通的，以下是足球式篮球与橄榄球式篮球两大类似之处。

一是，不管是足球式篮球还是橄榄球式篮球都非常强调防守。橄榄球运动中稍不注意，让对方选手接球后完成达阵，就可能让对手占得很大优势；同样在足球比赛中，如果一不留神，被对方抓住机会打进一球，就可能让比赛形势急转直下，甚至输掉比赛。橄榄球运动中有专门的防守组，个个都是身强力壮的防守悍将，他们会极力限制对手的进攻。在足球比赛中，防守则要由每个人协力完成，比如前锋丢球后，要就地参与反抢。足球式篮球与橄榄球式篮球都重视防守但又有区别。

足球式篮球的防守是整体式防守，球员脚步移动快，防守张力很好，非常注重防守战术的运用，比如联防、区域包夹、协防换位等，这与足球运动中的防守特点是一致的。足球式篮球的防守会预判对手的进攻意图，并进行相应布置，对于重点人会适时进行多人夹防。足球式篮球的防守会更有层次感，对方即便突破第一道防线，也会有另一道防线补防上来，让对手很难获得轻松出手的机会，即便是外围投篮也是如此。足球式篮球对篮下的防守尤其重视，这源于足球比赛中防守者对于禁区的防守重视，比如足球比赛中，对于突入禁区的球员防守者会迅速靠拢夹防，不停地贴身对抗干扰,不给对手轻松起脚的机会,一旦对方射门,则会奋力堵枪眼。因此足球式篮球中很少给对方篮下轻松出手得分的机会,即便对手突破到篮下或在篮下接球,也很可能被“火锅”(盖帽)伺候,或只能在对方强硬身体对抗下勉强出手。在足球比赛中,防守方会尽一切可能给对方施加干扰,比如拉扯球衣、故意推搡对方,破坏进攻球员重心,影响其带球、传球、射门等动作的完成。很多动作由于较为隐蔽,不容易被裁判察觉,或者裁判为保证比赛流畅性,并不会吹罚,就更加纵容防守一方使用各种小动作。同样,在足球式篮球的防守中,防守方也会想方设法给进攻方施加干扰,当然篮球场上对小动作吹罚比较严,防守者会相对收敛一些。

橄榄球式篮球的防守则更多的是单兵防守,这在于橄榄球比赛中防守的关键就是盯好对位的人,这样才能在防守时不给对方进攻队员轻易跑出空当的机会,或者在进攻时给对方防守球员突破口袋阵,进而直接威胁四分卫的机会,当然这也是建立在较强的个人防守能力基础之上的。橄榄球式篮球的防守同橄榄球运动一样非常强调身体对抗,防守压迫性很高,球员身体都很强壮。美式橄榄球运动中,一次进攻只允许一次向前传球,一旦进攻受阻,就只能重新列阵发球进攻,因此美式橄榄球的进攻可以说是“一锤子买卖”,进攻方球员接球后,希望在对方防守球员靠拢擒抱之前,尽量抱球向前推进码数,而防守方则要全力阻止进攻方接球,或者接球后第一时间擒抱限制,因此美式橄榄球中防守会极为凶狠,为保护运动员的安全,美式橄榄球会穿戴护具,这是美式橄榄球与其他种类橄榄球运动最直观的区别。橄榄球防守中阻止其他进攻球员接到四分卫传的球是成功防守的关键,这样才能在破坏对手推进码数的同时,不给对手进攻球员持球突破的机会,因此橄榄球式篮球中会给接球者施加很大的压力,他们会第一时间尝试断球,曾效力CBA北京金隅队的马布里就是切球的高手。

二是,足球式篮球与橄榄球式篮球另一个类似之处是都非常注重防守反击。足球比赛中由于双方都极为重视防守,进攻方想正面突破对方的层层防守,攻破“铁桶阵”“摆大巴战术”很困难,尤其是双方实力相差不多的时候。于是很多球队会主动收缩防守,以退为进,待对手压上进攻、阵线前移时,伺机断球并发动快速反击,依靠几名速度快的球员,快速摆脱对手追防,直接面对门将,这样就有很大机会破门得分。同样在橄榄球运动中,进攻方式本身就比较简单直接,进攻球员接球后会全力向对方端线冲击,如能依靠矫健身手完成达阵,会点燃现场观众的热情,这也是每个跑锋、外接手所梦寐以求的。在橄榄球运动中,防守方在断球后只要球没有落地是可以发动反攻的,如果能反击达阵,力挽狂澜,达阵者会成为该队球迷的英雄,因此在橄榄球式篮球中,同样非常注意在断球后趁对方立足未稳时,发动快速反击。与此同时,足球式篮球与橄榄球式篮球的快速反击又有所区别。

在足球式篮球的快速反击中,参与反击的球员往往有两到三名,即所谓的“三线快攻”。后卫或其他球员得球后迅速带球反击或精准长传找到前场反击点,此时会有其他球员快速跟进,随时准备与持球者配合或完成补篮。这源于足球比赛中防守反击的特点,足球比赛中由于双方都很注意防守,即便进攻方发动快速反击,前面有大片空当,防守者也会拼命急速回防,加上还要面对守门员,因此一个人发动反击成功机会并不大,容易被破坏或陷入重围。而反击时如果有其他球员跟进快下,就可以完成进攻配合,将球传给队友,继续带球突破或者完成打门,让对手顾此失彼,反击成功率就会大大提高。

橄榄球式篮球中的反击,则主要是持球者单枪匹马,独自完成反击。美式橄榄球中不管是接球进攻还是断球反击,都无法继续传球,只有华山一条道,抱球向对手阵地高速反击,冲破重重阻拦,完成反击达阵。橄榄球式篮球中,不管是四分卫长传式反击,还是断球反击,球员得球后大多独自运球,直杀篮下,由于篮球场较小,也不会因为传球给队友而贻误战机,球员很容易凭借出色的速度甩开身位,此时球员会展示自己良好的弹跳力和身体素质,奉献扣篮表演。球迷也会像对待橄榄球比赛中球员完成达阵一样,致以热烈的掌声和欢呼。美国男篮梦之队,在第四节甚至会派上无后卫的非常规阵容,全是由运动能力强、身体素质劲爆的小前锋、大前锋组成,他们对持球者和接球者施加很大压迫,一旦断球,断球者就能一马当先,完成快攻得分,而对手只能望尘莫及。美国队这种压迫式防守,加上简练而又坚决的反击,以及美国球员很强的个人得分能力,让他们很容易打出一波流,从而彻底冲垮对手,终结比赛。

矛与盾是相生相克、此消彼长的关系。足球式篮球和橄榄球式篮球都有犀利高效的反击战术,同时他们也有防守应对反击的办法。比如足球式篮球、橄榄球式篮球都会严格控制失误,不给对手发动反击的机会。本方一旦丢球后,会立刻回防,站稳脚跟,严阵以待。即便对手打起反击,也会层层延阻防守,让对手无法直接冲击篮筐。足球式篮球中会经常运用犯规战术,破坏对手反击机会。因此当中国队羡慕世界强队总能通过快速反击战术等轻松得分的方式,每场比赛拿下一二十分时,自己也试图打出漂亮的反击,但结果就不是那么回事了,他们往往很容易被对手限制,导致无功而返。

## 第五节　足球式篮球与橄榄球式篮球孰优孰劣

世界篮球主要分为两大阵营，以美国篮球为代表的橄榄球式篮球和以欧洲篮球为首的足球式篮球。在人们心中，橄榄球式篮球以劲爆的身体素质、华丽的个人进攻、强硬的单兵防守著称；足球式篮球以流畅的团队配合、细腻的个人技术、高超的战术素养为人称道。姑且可以将橄榄球式篮球与足球式篮球的对比看作个人篮球与团队篮球的较量，那么这两种篮球流派谁更占据上风呢？下面从国家队、俱乐部篮球、球员个人实力三个层面进行比较。

### 一、在国家队层面，橄榄球式篮球优势明显

实践是检验真理的唯一标准，要评判橄榄球式篮球与足球式篮球孰优孰劣，毫无疑问要参考过往两种不同风格的篮球在世界大赛中的战绩。由于在包括奥运会、男篮世界杯（前世界男篮锦标赛）等世界大赛中，能进入争冠行列的基本都是橄榄球式篮球或足球式篮球的球队，而美国男篮又是橄榄球式篮球的典型代表，这里只要分析美国队在历次大赛中的争冠历程即可。在公认的篮球竞技水平最高的奥运会上，美国队自 1936 年参加奥运会篮球项目以来，一共 15 次夺得金牌，1 次摘得银牌，2 次夺得铜牌，这样的成绩举世无双，奥运会男篮项目的历史几乎就是美国队的历史。在竞技水平和美国国内影响力稍逊的男篮世锦赛（现在的男篮世界杯）中，美国队表现稍差，一共赢得 5 次冠军，在夺冠次数上甚至逊色于南斯拉夫，此外苏联也曾 5 次夺冠。综合来看，美国男篮在世界

大赛中的统治地位是无可撼动的,他们对阵绝大多数主打足球式篮球的国家都有巨大的优势。

1992年巴塞罗那奥运会上,美国第一次派出职业篮球运动员参加奥运会,以乔丹、奥拉朱旺、巴克利等NBA巨星领衔的“梦一队”一亮相就彻底震惊世界篮坛。来自世界其他国家的篮球队几乎没有招架之力,美国队凶狠的逼抢、迅猛的反击往往让对手手忙脚乱、失误频频,无法组织像样的进攻。最终美国队以场均43分的优势夺得奥运会金牌,不过这种一边倒的局面在2004年奥运会上出现了逆转。以03届新秀詹姆斯、安东尼、韦德等年轻球员领衔的美国队爆出冷门,输掉了三场比赛,被阿根廷挡在了决赛门外,最后仅收获铜牌。两年之后在日本举行的世界男篮锦标赛上,美国队再度折戟沉沙,半决赛以96∶102负于欧洲篮球劲旅希腊队,再度收获铜牌。连续的失败让美国舆论炸开了锅,尽管多数美国篮球迷并不关注这些国际比赛,但作为世界篮球的绝对强国,这种失利显然是不能接受的。美国篮球界知耻而后勇,在国家队的组建和备战上重视程度都大大提高,NBA的本土巨星也都积极听候国家队召唤。对这些NBA巨星来说,在一个夏天有一批全明星级别的队友一起训练,也是提升自我的绝佳机会。在美国杜克大学的传奇冠军教练老K教练的带领下,云集科比、詹姆斯、杜兰特等超级巨星的美国梦之队再度大杀四方,难逢对手。尽管在一些场次中遭遇了一些挑战,但美国队仍以全胜战绩包揽2008年奥运会后三届奥运会和两届男篮世界杯金牌。橄榄球式篮球取得压倒性的优势,至此橄榄球式篮球与足球式篮球的高下之争是不是画上句号了呢?答案未必。

喜欢单打独斗的美国队在老K教练的带领下，打得更有整体性。NBA的大多数本土球星们都来自大学校园篮球联赛NCAA，而NCAA的篮球虽与NBA风格接近，但又不完全相同。大学篮球更加注重团队，NCAA进攻时间有35秒，进攻球员需要耐心组织进攻，创造合理的出手机会。球员之间资历、年龄相仿，没有多少球员存在特殊待遇，而且大学教练往往在球队耕耘多年，在球队中有极高威望，在球队战术打法上也会带有鲜明的主教练印记，有严肃的战术纪律。比如杜克大学就是团队篮球的代表；加州大学洛杉矶分校UCLA坐拥北美历史第一教练，百岁的约翰·伍登半个世纪中一直沿袭他的UCLA进攻体系。不同的风格打法并存，让NCAA呈现风格多样、百家争鸣的景象。当美国NBA的一众球星进入德高望重的老K教练执教的国家队时，收敛了巨星的傲气，打得更加无私。而且美国梦之队球员都是在NBA驰骋多年的顶级巨星，他们拥有极高的篮球素养，熟悉各种篮球的风格打法，当国家队需要他们打得更加整体，更无私地分享球权时，他们适应起来也是轻车熟路。因此当拥有强大个体实力的美国队投入更多时间备战磨合阵容，打法上摒弃了过多的单打独斗，通过默契运转球等打得更加合理、更加整体时，他们也变得更加不可战胜。一支完美的篮球队是所有球员都具有极强的个人能力，同时团队配合也非常默契流畅，而美国队显然是最接近完美的篮球队。

主打足球式篮球的国家队在遇到美国队时，其打法特点会被抑制。那些传统的足球式篮球的国家，比如塞尔维亚、阿根廷等，在面对美国队时，防守上将遇到巨大挑战，他们很难一对一防住对面的超级巨星。以往他们会通过严密的整体防守来弥补个人防守能力的欠缺,这一般是在对方只有一两个强点的时候会比较奏效,比如用包夹、协防。但是当对方五个点都是强点时,就会变得无所适从,尤其是体能下降、跑动减少的比赛末端更是如此。在进攻上,虽然足球式篮球运转更流畅,战术执行更多样化,能扬长避短,创造轻松得分的机会,但复杂的战术设计也存在很大风险,容易被抢断破坏,而当对手有所防备时,也会落入陷阱。加之美国队员强悍的身体素质和凶悍的单兵防守,也让其他国家的球员饱受折磨,完成得分或传球的任意一个技术动作都不会太轻松。

**二、在俱乐部篮球或者说商业篮球层面,足球式篮球略占上风**

大体可以列举足球式篮球与橄榄球式篮球有以下直观的不同。

足球式篮球节奏更快,橄榄球式篮球对抗更强,即所谓的"小球"与"大球"。足球式篮球更多地打攻防转换,一旦得到球后,会毫不迟疑地发动快速反击,因而比赛节奏显得非常快。而且足球式篮球的传球、球员跑位移动的速度也很快。橄榄球式篮球更喜欢落入半场阵地进攻,防守方摆开阵势,一对一盯好对位的球员,持球及接球球员会受到防守方强硬的对抗,更多地依靠球星的个人单打。比如热火队以德拉季奇为核心与以韦德为核心打球时会是两种截然不同的风格。

足球式篮球善于打常规时间,橄榄球式篮球擅于打最后关键时刻。足球式篮球的战术执行,更多的是依靠球员的临场战术意识、配合默契程度,良好的大局观,可以做到千变万化,极具创造力。此外,足球式篮球战术执行或完成技术动作往往能做到快人一步，因而很难防范。足球式篮球可以充分发挥出整体实力，弥补个体实力的不足，在面对实力更强的对手时，常规时间也能在场面上不落下风。但足球运动除了罚定位球，很少针对一次进攻有固定的配合套路，同理足球式篮球在最后阶段打一些关键球，执行具体的战术布置时往往效果欠佳。而美式橄榄球运动中，一次进攻短促激烈，因而会组织精细的进攻配合，反映在橄榄球式篮球中则会对战术进行精细的布置，球员也有很强的执行力，因而橄榄球式篮球在最后的关键阶段，比赛被很多暂停切得很碎时，往往能达成预期的战术目的，领先时能稳住局面，落后时则能不断缩小分差，甚至逆转比赛。足球式篮球在最后时刻，过多的运转球，反而容易配合失误，相反橄榄球式篮球往往能依靠巨星的个人实力掌控比赛节奏，命中关键进球。所以，其他国家的代表队与美国队交手时，常规时间也许能通过娴熟的进攻配合和积极的跑位与美国队相抗衡，但最后阶段，美国队经常可以凭借超级巨星无解表现赢得比赛，比如2008年奥运会上的科比，2010年世界男篮锦标赛上的杜兰特。

足球式篮球擅于打常规赛，而橄榄球式篮球擅于打季后赛。足球式篮球强在进攻，橄榄球式篮球胜在防守。足球式篮球在进攻方面更多地依靠整体配合，打球合理，战术素养高，运转球流畅，容易创造轻松得分机会，不依赖个别球星的手感状态，因而更能保证进攻实力的发挥，即便是球员遭遇伤病，球队仍可以依靠整体来弥补一些球员伤缺的损失。防守方面，足球式篮球跑动积极的整体防守会很大程度抑制对方球星的发挥，因而足球式篮球在常规赛中发挥更加稳定。此外足球式篮球随着赛季的深入,球员之间的配合越来越默契,更加适应在快节奏的攻防中完成各种进攻配合,因而到赛季中后期球队战绩会稳步提升。相反,橄榄球式篮球在进攻方面多依靠球员的个人进攻能力,这就存在很大的不确定性,当球员身体疲劳、手感不佳时,就会让进攻效率大幅下降,乃至输掉比赛。在防守方面,尽管橄榄球式篮球有强悍的单兵防守能力,但很难保证球员每场比赛都能卖力地投入防守。此外,橄榄球式篮球中过多的个人单打,对于球员的消耗也很大,赛季后期球队容易遭遇大面积伤病,从而严重影响球队在常规赛的战绩。

到了季后赛,比赛双方会将防守强度提升到另外一个级别,美国媒体甚至用"黑帮火拼"来形容季后赛球队之间针锋相对的竞争态势。季后赛的防守更加接近橄榄球比赛中的防守,球员的特点都被研究透彻,会被有针对性地限制,在主场球迷山呼海啸的助威声中,防守球员也不会再吝惜自己的体力,保持专注度,给进攻方施加巨大的压力。往常熟练的进攻配合在此时会变得非常困难,球员之间的联系被割裂开来,此时更加需要依靠球星的篮球天赋、个人单打能力解决问题,这也是考验巨星成色的时候,而且要打得足够强硬且有决心,而这正是橄榄球式篮球所擅长的。因此,我们看到,过往一些在常规赛势头强劲、风光无限的球队到了季后赛,表现并不能令人满意,有的甚至成为"黑八"对象,让人大跌眼镜。比如2006—2007赛季,西部季后赛首轮上演"黑八奇迹",由体能劲爆的拜伦·戴维斯、艾尔·哈林顿和"船长"斯蒂芬·杰克逊等球员组成的金州勇士队,4∶2击败了西部第一——当时的达拉斯小牛队。有同样遭遇的还有纳什时期的太阳队,尽管太阳队曾连续六年进攻效率领跑全联盟,但纳什从未问鼎总冠军,在更加强调防守的季后赛,太阳队的打法和球员配置很难让他们走得更远。最近几个赛季,有多名国际球员作为队内核心的爵士队、76 人队,在常规赛表现中可圈可点,但是到了季后赛,却并没有展现出预期的竞争力,被早早淘汰出局,也是因为球队打法不够硬朗。

那些兼具足球式篮球和橄榄球式篮球打法特点的球队,不管是在漫长的常规赛还是在对抗极为激烈的季后赛上都能有上佳的表现,对于各种类型的对手都能应对自如,成为总冠军的有力竞争者。这些球队在防守方面,将橄榄球式篮球强硬的个人防守与足球式篮球严密的整体防守结合起来;在进攻方面,则既有流畅的团队配合,也有强大的个人进攻火力。比如,拥有“GDP”组合的马刺队,科比时期的湖人队,拥有库里、汤普森、杜兰特、格林的勇士队。

在观赏性方面,足球式篮球更加“赏心”,橄榄球式篮球更加“悦目”。这源于橄榄球运动对于运动员的提高主要表现在身体素质、进攻和防守的侵略性上,而足球则是在技术、意识上对运动员帮助很大。NBA 是靠球星卖座的联盟,观众球迷都希望看到巨星完美的个人表演。在橄榄球式篮球进攻中更多的是落后半场阵地进攻的个人单打,加之球星几乎拥有无限开火权,让那些顶级球星们可以充分施展自己的进攻才能。比如潇洒过人后的霸气扣篮、不讲理的飙射三分等,将个人技术与身体天赋展现得淋漓尽致,而球星们张扬的个性,得分后的肆意宣泄,将会点燃现场观众的热情。很多比赛都是凭借球星个人的极限发挥,扭转乾坤,赢下比赛,也会让现场气氛达到顶点,成为球迷心目中的英雄。橄榄球式篮球身体对抗也更为激烈,球员强健的肌肉、劲爆的身体素质极具视觉冲击力。很高的观赏性也是NBA收获巨大商业成功的重要原因。

足球式篮球无论是进攻还是防守,主要依靠的是整体配合,散发着团队篮球的熠熠光辉。足球式篮球中击穿对方咄咄逼人防守的精妙的传球和跑位,合理的技术运用和进攻机会选择,快节奏的攻防转换中对时机的极致掌握,都让人拍案叫好。足球式篮球更擅于运用战术,让最合适的人在最合适的位置出手,创造轻松得分的机会,在技战术含量方面,足球式篮球显然更胜一筹。有人称橄榄球式篮球为“艺术”,球星对于篮球技术和身体天赋的完美展示,让观众可以欣赏到篮球的美感;而将足球式篮球称为“哲学”,足球式篮球中各种精妙的配合,充分说明了篮球是一项团队运动。但足球式篮球在进攻中过多的外线出手,对篮筐的冲击太少,加之球员个人发挥的自由度变小,球星作用被弱化,严密的防守也会极大地限制那些巨星的表现,尤其是喜欢往内线突破的球员,这都让比赛的观赏性打了不少折扣。科比就批评约基奇打球风格太软,他甚至不知道约基奇是一名后卫还是一名中锋,在中锋位置上,约基奇毫无疑问是联盟中最优秀的球员之一,技术精湛且全面,但他极少尝试扣篮。

**三、在球员个人能力层面,橄榄球式篮球更占优势**

世界上大多数最优秀的篮球运动员都成长在橄榄球式篮球的体系下。作为橄榄球式篮球中心的美国,拥有庞大的篮球市场,这里有世界第一篮球联赛NBA,世界影响力、商业价值最高的校园篮球赛事NCAA,两大赛事云集了世界上大多数最顶尖的职业球员和大学生球员,他们主要打橄榄球式篮球。考虑到足球式篮球与橄榄球式篮球开展普及上的差距,优秀的橄榄球式篮球运动员数量更多,但并不意味着练习足球式篮球的运动员个人能力就不及练习橄榄球式篮球的球员。正所谓"世界上没有最厉害的武功,只有最厉害的人",不管是习练足球式篮球,还是橄榄球式篮球,都能成为世界最优秀的球员,这离不开球员个人的天赋、勤奋,以及科学的训练和比赛。比如,乔丹、詹姆斯、张伯伦都是橄榄球式篮球的超级巨星,而诺维茨基、科比、吉诺比利则是主打足球式篮球的伟大球员。

橄榄球式篮球运动员与足球式篮球运动员在球队中的作用有些许不同。具体来说,橄榄球式篮球运动员比较适合当球队领袖,而足球式篮球运动员更适合当球队核心。橄榄球式篮球运动员,凭借出众的天赋条件,超强的得分能力,在攻防两端为球队做出贡献。在关键时候或者打不开局面时,更是能以身作则,挺身而出,挑起球队进攻大旗,带领球队前进,依靠个人能力主宰比赛。比如詹姆斯、利拉德、莱昂纳德就是这样的球员。足球式篮球运动员,则有出色的大局观和战术意识,能成为球队战术的发起人,他们不过多地占用球权,而是通过积极跑动、组织串联及对机会的良好把握能力等,给球队带来很多帮助,这不仅仅体现在得分数据上。足球式篮球运动员是那种可以让队友变得更好的球员,他们往往可以成为建队的核心,比如前小牛队的诺维茨基、在灰熊队时期的加索尔兄弟、掘金队的约基奇等。球队核心与领袖球员是可以和谐共存的，而一旦一支球队有了优秀的核心和领袖球员，球队将提升到一个新的级别。前几年，热火队的德拉季奇是热火队的建队核心，他的存在让热火队打球节奏很快，球队非常有韧性，但是因为缺少天赋，球队战绩不温不火。当他们获得了全明星小前锋巴特勒这位球队领袖以后，战绩立马提升，热火队时隔六年再度打进总决赛。

或许，在一支球队的不同位置上，比较不同篮球风格的最佳球员更加合适。由于21世纪之前，美国以外的篮球并没有得到充分的发展，缺少横向对比的充分条件，因此只考虑进入21世纪后，在各个位置的对比。篮球场上每个位置对于球员的技术特点、风格打法的要求不尽相同。

在一号位上，即组织后卫或控球后卫，毫无疑问，足球式篮球运动员是最佳选择。足球式篮球出身的控卫或欧式后卫，有良好的组织串联能力，出色的大局观和阅读比赛能力，作为球队的进攻发动机，可以充分调动、发挥全队的进攻火力。其中代表有托尼·帕克、纳什、卢比奥、坎帕佐、施罗德等，不过个人得分及防守上的短板是限制欧式组织后卫在NBA立足的重要因素。当今世界篮坛，在控卫位置上，橄榄球式篮球也有很多巨星级球员，比如保罗、德隆、斯蒂芬·库里，但他们的技术特点更接近得分后卫。

在二号位上，即得分后卫，橄榄球式篮球后卫，或者说是美式后卫，以其劲爆的身体素质，超强的得分能力，当仁不让地成为这个位置的最佳选择。他们不仅可以在球队需要时主动得分，也可以突破吸引防守，为队友创造得分机会。其中代表者有威斯布鲁克、哈登、欧文、米切尔等 NBA 众多球星。而科比、吉诺比利、东契奇这些足球式篮球巨星，也是这个位置的优秀人选。

在三号位上，即小前锋位置，要求技术全面，身体素质超群，能肩负得分重任，有极强的得分欲望和个人能力。在小前锋位置上，橄榄球式篮球运动员优势明显，比如詹姆斯、莱昂纳德、凯文·杜兰特、保罗·乔治等，不仅个人得分能力强，单兵防守也极其强悍。

在四号位上，即大前锋位置，不仅要求身体天赋出众，能很好地完成防守卡位、保护篮板工作，还要有一定的组织策应、外围投射能力。这个位置上，足球式篮球运动员与橄榄球式篮球运动员旗鼓相当。前者有代表性的球员有诺维茨基、斯科拉、加里纳利等，后者有代表性的球员有格里芬、"浓眉哥"安东尼·戴维斯、德雷蒙德·格林等。

在五号位上，即中锋位置，这些年，技术细腻、得分手段全面、能组织策应的足球式篮球中锋表现越来越抢眼，比如约基奇、武切维奇、戈贝尔等。遍观联盟，无论是球员数量还是表现上，足球式篮球的现代中锋都更具优势。

由此看来，足球式篮球运动员和橄榄球式篮球运动员在各个位置上的综合对比在伯仲之间。一支球队要想真正强大，必须要两种风格的篮球都兼顾才行。

不管是足球式篮球阵营还是橄榄球式篮球阵营，一名球员要想成为真正高水平的能进入顶级职业联赛的球员，几乎必须要加入其中一个。也许脱离这两个篮球体系，一位球员依然可以成长为技术很不错的选手,但是要成为一支有战斗力的球队的一员,显然还不够。这种不足,相对于进攻,更主要的是体现在防守端,不管是主打足球式篮球,抑或是橄榄球式篮球,都能为球队带来坚韧、严密、高强度的防守,而这也是职业篮球与业余篮球在竞技层面最明显的差别。

足球式篮球与橄榄球式篮球对球员的身体天赋要求不同。显然,橄榄球式篮球对身体天赋、运动能力等要求更高,这从美国职业篮球运动员绝大多数为黑人球员就能看出。实际上,美国黑人数量只占美国总人口的 20%,但是美国高水平的篮球运动员基本上都是黑人球员,比如 2016 年 NBA 美国本土白人球员有 43 人,只占 NBA 四五百名球员中很小的规模。NBA 历史上也只有拉里·伯德、斯托克顿、凯文·勒夫等美国本土白人球员达到了巨星标准。因为相比于白人,黑人的身体天赋更强悍,能飞善扣,对于橄榄球式篮球也更加适应。当然 NBA 联盟也有大量的白人国际球员,其中不少球员已成为联盟巨星或者球队核心,取得了非凡的成就,比如诺维茨基、加索尔、东契奇、吉诺比利等。为什么美国本土很难培养出像东契奇、博扬·博格达诺维奇、德拉季奇、吉诺比利这样顶尖的白人球员,就是因为美国缺乏类似于欧洲或南美发达的足球运动环境。

## 第六节　世界篮球的发展趋势

NBA作为世界篮球的顶级联盟,正经历一场深刻的技战术变革。来源于足球式篮球的“小球风潮”正席卷联盟。同时,橄榄球式篮球也一直在改变包括足球式篮球在内的其他篮球风格。世界篮球呈现足球式篮球与橄榄球式篮球交融发展的态势。

这些年小球战术风靡NBA联盟。球队阵容高度降低,节奏加快,更多地是分享球权而不是单打独斗,此外各队都更加重视三分球,投篮点越来越远。以往,球员信奉“离篮筐越近得分越容易”,于是球员更多地冲击篮下,球也更多地交到内线,强力的大中锋是各支球队争抢的宝贝。对于外线投射,并没有给予过多重视。“扣篮”和“三分球”是最能反映橄榄球式篮球和足球式篮球直观差异的进攻手段,前者反映了橄榄球式篮球运动员优秀的身体天赋、表现自我的欲望、直接强硬的打法和更多地选择往内线冲击;后者反映了足球式篮球运动员精湛的技术、对于空间的充分利用和更快的进攻节奏。很显然当今联盟扣篮变少了,三分球变多了。在“小球时代”,三分球已经从“战术武器”俨然变成了“战略武器”,比如火箭、勇士这些球队每场比赛都会出手大量的三分球。而且,三分球已经成为每个球员的必备技能,那些以往靠篮下生存的中锋球员,也不得不越来越多地拉到外线投三分,否则可能面临被淘汰的命运。

在“小球时代”,直接的身体对抗减少,比赛规则更加鼓励进攻,比赛节奏加快,球运转更加快速流畅。纳什时期的太阳队将“炮轰篮球”演绎到极致,当时的太阳队奉行“7 秒或更少”,攻防节奏更快,比赛回合数增多,传球行云流水,经常轰下 140 分以上的单场比分,进攻效率领跑全联盟。而传统的 NBA 打法中则更多是落入半场进攻,由球星直面防守,靠个人能力完成进攻,同时防守方也会严阵以待,给进攻者施加巨大的压力。乔丹曾说,他们打球时,每一次切入禁区,都不可能毫发无伤地出来。这让人不禁联想到,橄榄球比赛中走地面进攻时,防守方对于持球进攻球员强硬甚至野蛮粗暴的防守动作。可见美国传统的篮球身体对抗更加激烈频繁,也是更加接近橄榄球比赛的篮球。当今的 NBA 更加鼓励进攻,对于防守中的犯规动作吹罚得更加严厉。用乔丹的话说,基于当今联盟的规则,按照他曾经的打球方式,他要么场场六犯毕业,要么不停地走上罚球线,砍下 100 分。

当今篮球虽然正面的强硬身体对抗比以前少了,但由于比赛节奏加快,脚步移动更积极,实际上比赛的对抗强度并没有减弱,只是对抗频次增多了。美国著名解说员范甘迪,曾担任美国男篮主教练,他率领主要由发展联盟球员组成的美国队夺得美洲杯冠军。范甘迪就认为国际篮球联合会(FIBA)比 NBA 更强硬,他说:“FIBA 篮球很强硬,就像 20 世纪 90 年代的季后赛一样。”他还说:“美国之外的对手们实力正急速提升,他们已经到了一个很不错的水准上。”

NBA“小球战术”的盛行,与纳什、科比这些技术华丽的超级巨星对于潮流的引领关系甚大,然而有一支球队的存在对于联盟球风的影响却更有持久性,也更加深远,那就是马刺队。我们可以清晰地看到马刺系教练的发展脉络和对NBA联盟的巨大影响。波波维奇执教的马刺队,植根于安静的小城圣安东尼奥,没有巨额投入和集万千宠爱的巨星加盟。几十年来,却有着极其稳定的战绩,五次夺得NBA总冠军,可谓NBA常胜之师。波波维奇的建队秘诀也引来各NBA球队纷纷效仿学习,马刺队的教练、管理者已进入众多NBA球队的高层,并从马刺的体系中获益良多。据统计,波波维奇手下的球员、教练和工作人员中已经有超过20人担任过NBA球队的主帅。而越来越多的东部球队打球风格偏向足球式篮球,也让21世纪以来NBA"西强东弱"的局面正悄然发生改变。波波维奇说过:"欧洲篮球才是篮球最该有的风格,尤其在战术、如何面对比赛的态度和团队协作方面。其实,今天NBA的很多顶级球队,已经在用这种欧洲风格了。"显然,马刺队这些年取得的巨大成功,也让波波维奇信奉的很多欧洲篮球的理念得以为更多NBA球队所学习、接受和使用。

现在活跃在联盟中的许多正在崛起的球队中都有教练、球员或高管曾经在"GDP"(吉诺比利、邓肯、帕克的组合)时代为马刺队服务过。比如现雄鹿队主帅布登霍尔泽在1996—2013年期间一直是波波维奇的教练团队成员,在那之前,他还在马刺队担任了两年的视频分析师。随后布登霍尔泽加盟了亚特兰大老鹰队,在那里执教了5个赛季,其中4个赛季打进了季后赛,老鹰队也打出了漂亮的团队篮球。之后,布登霍尔泽加盟了雄鹿,我们可以看到他经常使用马刺队常用的那一套来激励他的球队,并在短时间内就给年轻的雄鹿队灌输了顽强的防守心态和超高的篮球智商。此外,76人队前任主帅布雷特·布朗、布鲁克林篮网队前任总经理西恩·马克斯也都曾是波波维奇的学生。而勇士队主教练史蒂夫·科尔是其中转型最成功的。科尔职业生涯最后三年,有两年是在马刺队度过的,他的篮球理念也深受波波维奇的影响。离开马刺队仅13年,科尔已经成长为联盟首屈一指的名帅,在战术和球队文化氛围方面,给球队带来了很大提升,率领金州勇士队三夺NBA总冠军。

NBA联盟的“小球风潮”,也让技术细腻、擅于配合的国际球员愈发受到NBA各支球队的青睐。1992年NBA只有23名国际球员,而截至2018年,NBA的国际球员数量已连续四个赛季超过100人了,其中绝大多数来自足球运动很发达的国家或地区。国际球员在NBA球员中虽然占比不大,但很多已成为球队建队核心。比如,现效力于雄鹿队的“字母哥”——扬尼斯·阿德托昆博,就来自足球式篮球的代表国家希腊。“字母哥”的父母曾是足球运动员,与所有希腊孩子一样,生长在希腊浓厚的足球氛围中,“字母哥”深受足球影响。不过在篮球场更能施展他的天赋。“字母哥”将黑人运动员优秀的身体天赋和足球细腻的技术完美地结合,打出了不可思议的表现,甚至超越了同时期的詹姆斯,被看作新一代的超级巨星。

NBA联盟近年来涌现的热门新秀中不乏足球式篮球球员。比如,在尼克斯队打出新一代巨星表现的波尔津吉斯,就来自拉脱维亚。费城76人队两位核心球员西蒙斯和恩比德也都来自足球运动很普及的澳大利亚和喀麦隆,他们引领了76人队从一支鱼腩球队迅速崛起为联盟不可忽视的新势力。而来自斯洛文尼亚的卢卡·东契奇,已被视为诺维茨基的接班人,被大力培养。他在新秀赛季,场均拿下21.2分、7.8个篮板、6.0个助攻,表现极其稳定。独行侠队老板库班也非常认同欧洲的篮球文化,认为如果美国最好的孩子能及早去斯洛文尼亚接受篮球教育,NBA联盟会比现在还要好很多。勇士队主帅、美国男篮助教史蒂夫·科尔,是英超利物浦队的铁杆球迷。他在接受某家媒体采访时表示,他认为让青训球员练习足球有助于他们打好篮球。谈到足球与篮球的关系,科尔直言不讳:“如果美国篮球我说了算,我会让所有参加篮球青训的球员都去踢踢足球,就算只练练抢圈也行。”科尔也反思了美国篮球存在的问题,“年轻球员只懂得或只喜欢去通过一对一搞定对手。他们的控球天赋确实令人难以置信,但他们都不知道该如何传球和跑位。而足球可以很好地培养孩子们的传球跑位意识。”科尔还举例,传球大师纳什及有非常漂亮传球手艺的库科奇,都毫无疑问地在足球的熏陶中得到成长。

在中锋位置上,国际球员几乎成了NBA各支球队的标配,传统的美国大块头五号位不再受重用。“小球时代”,各支球队都在寻求机动灵活、擅于到外线投射的技术型内线。NBA传统的内线大中锋与美式橄榄球中高大强壮的中锋球员作用和特点都近似。美式橄榄球中的中锋球员需要起到给进攻球员提供掩护和内线牵制的作用。传统的美国内线大中锋,虽然对抗能力强,但技术较为粗糙(比如罚球命中率低),且移动缓慢,越来越不适应NBA技术发展趋势。当然,像奥尼尔这样的巨无霸中锋,依然能凭借其在内线翻江倒海的本事改变比赛方式,但这样具有统治力的传统中锋越来越少。与之相比,来自欧洲、非洲等地区的中锋球员,由于成长于足球氛围浓厚的环境中,也具备了很多足球运动中中锋的特点。

即虽然身材高大，但速度很快，技术也比较细腻，能起到前场进攻支点作用，擅长组织策应，而且其终结能力也比较强，有良好的远投功底。这样的中锋球员能为球队带来全方位的帮助，也越来越受到NBA球队的欢迎。比如掘金队的约基奇已成为球队进攻的绝对核心，他的加盟让掘金队整体实力提升了一个档次。而同样来自欧洲，之前给约基奇打替补的努尔基奇在被交易到开拓者队后，立马打出了全明星级别的表现，硬是将开拓者队之前利拉德、麦科勒姆的“二人转”进攻模式，扳成了有内线策应的“三角进攻”。NBA很多球队在中锋位置上甚至有不止一位足球式篮球的中锋球员，比如火箭队的前队员卡佩拉（瑞士）与内内（巴西）；猛龙队的前队员伊巴卡（刚果布与西班牙双重国籍）、西亚卡姆（喀麦隆）、马克·加索尔（西班牙）等，可见足球式篮球中锋在联盟的受欢迎程度。

当足球式篮球越来越多地影响和改变橄榄球式篮球时，橄榄球式篮球也一直在渗透影响着足球式篮球。NBA在商业化方面取得的巨大成功，让美式篮球赢得无数篮球迷的喜爱，他们疯狂地去了解那些篮球偶像的一切，学习他们的打球方式。美国梦之队在奥运会上天神下凡般的表现，也震惊了世界篮坛，让其他国家的篮球队认识到与顶级强队的差距，其他国家纷纷效仿学习美国的篮球理念。足球式篮球虽然战术素养高，打法合理，防守严密，但得分爆发力不足，给球员自由发挥的空间不大。尽管这些年，登陆NBA的足球式篮球运动员，比如博格达诺维奇、贝里内利等都展现了不错的个人得分能力，但整体上足球式篮球运动员的运动天赋和个人能力与橄榄球式篮球运动员相比有一定差距。因此，包括欧洲联赛、CBA及其他很多地方的联赛，那些得分能力强的美式后卫球员都很受欢迎。这些美国外援往往能直接决定球队的进攻火力,他们也可以凭借犀利的突破能力,吸引防守注意,为其他队友创造轻松得分的机会,同时他们也往往是投关键球的不二人选。

我们看到很多欧洲国家会规划身体素质劲爆、得分能力强的黑人后卫。比如俄罗斯男篮规划的霍尔登帮助俄罗斯队夺得 2007 年男篮欧锦赛冠军。当然,在足球式篮球的环境中,受制于整体的打法,这些黑人后卫的出手权也会受到一定限制。在内线方面,橄榄球式篮球的中锋或大前锋,往往身体对抗能力强、弹跳好、防守及篮板能力突出,也受到打足球式篮球的联赛欢迎。这些年越来越多的足球式篮球国家的球员开始进军 NBA,经过 NBA 的历练,他们的进攻能力和防守能力都得到了很大提高。这也提升了这些球员所在国家在国际大赛中的表现,甚至可以挑战美国梦之队。试想,当一个国家先发五人均有 NBA 打球经验时,会让任何一支球队都不敢轻视,比如法国队、西班牙队、塞尔维亚队。

有没有一个国家的篮球队兼具橄榄球式篮球和足球式篮球的优点呢?这个要求比较苛刻,需要该国橄榄球与足球运动都非常盛行。世界上只有为数不多的几个国家在这两项运动上都有很高的建树。澳大利亚是其中的典型代表,此外还有英国以及同属于大洋洲的新西兰等,这里仅以澳大利亚为例。澳大利亚的橄榄球氛围非常浓厚,橄榄球联赛体系很发达。有评论称澳大利亚的橄榄球比赛比 NFL 对抗更加激烈,澳式橄榄球球场大小是英式橄榄球球场的四倍,也就意味着球员需要有充沛的体能才能应对持续全场的激烈对抗。同时,我们不要忘记,澳大利亚在足球项目上也有强悍的实力,自加入亚足联后,澳大利亚已夺得两冠一亚,澳大利亚在足球世界杯上也屡有抢眼表现。得益于橄榄球与足球两项运动的繁荣,甚至澳式橄榄球运动在规则上本身就可以看成是美式橄榄球与足球的结合体,澳大利亚的篮球也有这两项运动的鲜明印记,从而独树一帜。防守上,澳大利亚篮球既有橄榄球式篮球凶悍的个人防守,又有足球式篮球严密的整体防守,当美国队面对澳大利亚队时都会对其相对"肮脏"的防守很不适应。在进攻上,澳大利亚球员则既有相当的个人进攻实力,团队配合也能与欧洲老牌篮球强队相抗衡。现效力于爵士队的澳大利亚球员英格尔斯,早年就是打澳式橄榄球出身的,后来在家人劝说下改打篮球,英格尔斯擅于组织策应,还有一手极为精准的三分球,现已成为爵士队进攻端非常重要的球员。这些年,澳大利亚队男篮在国际大赛上的表现越来越突出,也有越来越多的澳大利亚球员进入 NBA。至今澳大利亚已贡献两位 NBA 选秀状元,分别是 2005 年状元博古特和 2016 年状元西蒙斯(如果算上美国、澳大利亚双重国籍的欧文,则有三位状元)。

相较于澳大利亚男篮,澳大利亚女篮在身体对抗和整体进攻上的优势则更加明显,她们曾夺得 2006 年世锦赛冠军,如今已成为仅次于美国女篮的世界女篮顶级强队。然而,这些年随着有深厚足球背景的欧洲裔移民的减少,效力于欧洲足球联赛的澳大利亚球员数量也在下降。同时,澳大利亚民众似乎越来越明显地把橄榄球放在更重要的位置,澳大利亚篮球能否保持其独特风格与竞争力,还有待时间检验。

随着世界篮球的交融发展,越来越多的篮球强队能兼具多种篮球风格,这也让他们在国际赛场上更具竞争力。如果一个国家的篮球只具备单一的足球式篮球或橄榄球式篮球风格，容易被具备相同风格特点的国家球队克制。而一旦一支国家队加入了其他篮球风格元素，会让球队打法更加丰富，无论是进攻还是防守能力都会更加均衡，没有明显短板。比如西班牙、法国、塞尔维亚等球队，由于有多名球员在 NBA 打球，受到美国橄榄球式篮球的影响，让他们在跟其他欧洲国家队对抗时，往往能占据上风。而一旦这些在海外打球的明星球员不能代表球队参赛，实力则会大打折扣，球队表现跟其他欧洲球队并没有明显优势。澳大利亚男篮与西班牙男篮的对抗，可以说是非常有看头的体系对抗，前者是足球+橄榄球体系，后者则是足球+斗牛+橄榄球体系（得益于有很多西班牙球员效力于 NBA）。两队的较量也尤为精彩激烈且比分接近，最终由于独特的斗牛式篮球属性的加成，让西班牙男篮在竞争中略胜一筹，从而笑到了最后。比如 2016 年里约奥运会男篮半决赛，2019 年中国男篮世界杯半决赛，均是西班牙男篮取胜。

从当今世界男篮的排名来看，美国男篮稳居第一，霸主地位无可撼动，之后则是一众打足球式篮球的国家，比如西班牙队、法国队、塞尔维亚队、阿根廷队等。可见，选择橄榄球式篮球或足球式篮球任意一条道路，都有机会成为世界一流强队。对于大多数国家来说，国内的篮球基础环境不及美国优越，而且足球运动在大多数国家都有较高的普及度，选择足球式篮球将是他们快速提升自身篮球竞技水平的良好途径。

# 第四章 有代表性的足球式和橄榄球式篮球运动员及球队

## 第一节 史蒂夫·纳什——一位被篮球“耽误”的足球天才

他是继奥拉朱旺之后第一位拿到 NBA 常规赛 MVP 的国际球员;他被称为“风之子”,带领球队打出“跑轰篮球”,开创了 NBA 新时代;他是五届 NBA 助攻王,他风骚写意、极具想象力的传球让人拍案叫绝,大呼过瘾;他就是史蒂夫·纳什。

大家都还记得,2005 年丹佛 NBA 全明星扣篮大赛上,纳什先是头球摆渡,送出精妙传球,帮助队友斯塔德迈尔完成空接暴扣,又用脚后跟起球,助攻斯塔德迈尔完成扣篮动作的经典瞬间,让人见识了其出众的足球技艺。后来,纳什在 2016 年多伦多 NBA 全明星扣篮大赛上,再度展示了他娴熟的足球技巧,用脚起球助攻“庄神”安德烈·德拉蒙德完成扣篮。

纳什拥有如此精湛的足球技术并不令人感到意外。纳什出身于一个足球世家,1974 年他出生于南非的约翰内斯堡,后跟随父母定居加拿大。纳什的父亲曾经是一名职业足球运动员,在南非和英格兰的职业足球队都效力过。纳什的兄弟马丁·纳什曾经是加拿大国家队的中场,目前在美国职业球队踢球。纳什的妹妹琼恩也是一名职业足球运动员,她曾四次入选加拿大西部足球全明星队。纳什从小就酷爱足球并展现出过人的足球天赋,高中时代曾率领球队夺得历史首个大赛足球冠军——全市足球锦标赛冠军,纳什在决赛中攻入两球并荣获英属哥伦比亚的 MVP,甚至受到了加拿大国家队的邀请。除了足球,与加拿大其他的男孩子一样,纳什还喜欢橄榄球、冰球这样"很爷们"的运动,似乎所有策略型的运动都难不倒他,纳什还曾三次获得国际象棋的冠军。后来由于纳什非常崇拜"飞人"乔丹,而选择了篮球作为他的发展方向。

纳什在通往篮球的道路上并非一帆风顺。他来自篮球运动水平相对较差的加拿大,此前仅有三名加拿大籍球员登陆 NBA。纳什向二十多所美国大学递交申请,然而都被拒绝,那些 NCAA 的教练显然不相信一个防守糟糕、身材单薄的白人小伙会给球队带来多大帮助。时至今日,那些被 NCAA 各学校拒绝退回的信件仍被纳什保留着,最后纳什的录像带打动了圣克拉拉大学的主教练迪克·戴维,从而进入 NCAA。纳什的到来,让一所篮球氛围极为惨淡、多年未进入全国锦标赛的校篮球队重新焕发活力。纳什在大一赛季就破天荒地打进了 NCAA 八强,震惊了美国 NCAA 联盟,第二年又打进了 NCAA 全国锦标赛,止步于 32 强。因此,纳什也引起了 NBA 球探的注意。在大学期间,他两次当选西海岸赛区最佳球员,生涯 510 个助攻打破了校史记录。1996 年纳什参加了 NBA

选秀,在16顺位被太阳队选中,开启NBA生涯。

初入NBA的纳什,与大多数的新秀一样,在队中担当替补控卫的角色。其中第二赛季,纳什代表太阳队出场76场,场均可以拿下9.1分、3.4个助攻和2.1个篮板,展现了成为优秀控卫的潜力。在太阳队打了两个赛季后,纳什被交易到小牛队,在这里他遇到了后来的挚友——刚刚进入NBA的诺维茨基。纳什与诺维茨基几乎是一见如故,同样的国际球员背景,同样的肤色,以及同样的爱好——足球。据说,纳什与诺维茨基见面的当天,就邀请他去观看足球比赛。刚到小牛队时,纳什表现并不好,背部伤势让他的移动速度受到严重限制,而诺维茨基也被大家发现除了投篮什么都不会。不过,在篮球场上纳什和诺维茨基似乎有特殊的默契,后来风靡全世界的"跑轰打法"此时也初具雏形,纳什和诺维茨基双双入选全明星,纳什也坐稳球队先发后卫的位置。凭借纳什和诺维茨基这对双子星的出色发挥,小牛队的战绩稳步提升,成为季后赛常客。2003—2004赛季,纳什代表小牛队出场82场,场均拿到14.5分、8.8助攻和3.0个篮板,进入联盟最佳进攻阵容。到了2004年,纳什已经在小牛队效力7个赛季,纳什也成为全联盟最优秀的后卫球员之一,然而小牛队在季后赛始终未能更进一步,谋求改变的小牛队老板库班也不想在已经年近30的纳什身上投入太多,他没有匹配老东家太阳队开出的5年6500万的报价,纳什重返菲尼克斯太阳队。

重回太阳队,纳什迎来了职业生涯的爆发期,开创了"跑轰篮球"的时代。在曾涉足欧洲篮坛、深谙团队篮球的德安东尼的执教下,纳什的传球天赋得到全面展现。当时太阳队中如巴博萨、马里昂、斯塔德迈尔等都是身材不算特别高大，但运动能力极为出色的球员，他们在转换进攻中能打出很快的速度，力求用最短的时间解决战斗，所谓“7 秒或更少”，在纳什的带领下，太阳队打出了进攻华丽的“跑轰战术”。太阳队最擅长快攻得分，当队友们已习惯了马布里单枪匹马的单干时，他们突然发现，只要他们跑到前场，球总是会舒服地落到头上，然后轻松得分。纳什的到来，让球队战绩从上赛季的 29 胜 53 负，飙升为 62 胜 20 负，他们全赛季投出了创 NBA 记录的 2026 个三分球。时隔一年再度打进季后赛，本想大干一场的太阳队，由于斯塔德迈尔的受伤，最终在西部决赛中输给了马刺队。纳什凭借场均 15.5 分、11.5 次助攻和 3.3 个篮板的表现荣膺 2004—2005 赛季的 MVP。2005—2006 赛季纳什再度夺得常规赛 MVP，他也是继奥拉朱旺之后，第二个可以蝉联常规赛 MVP 的国际球员。纳什率领的太阳队也引领了 NBA“小球风潮”，传统的笨重迟缓的大中锋被越来越多的球队抛弃，取而代之的是更加机动灵活、得分手段更加多样的阵容。比赛的攻防转换节奏越拉越快，更多的传球，更多的三分出手。正如纳什的高中教练希德·雷评价的那样“纳什改变了篮球这项运动”。

纳什是篮球场上的传球大师，拥有无与伦比、极具创造力的传球技艺。作为球队的控球后卫，纳什擅长各种传球，有转换进攻中，精准的单手击地长传；有快攻中，风骚写意地将球背传给跟进的队友；有阵地进攻中，突破到内线，吸引防守注意力时，及时传给埋伏在底角的队友……纳什显然不是眼里只有篮筐的球员，他有良好的视野和大局观，眼观六路、耳听八方，时刻关注队友的跑位，将球适时送到。他如同足球场上的中场进攻核心，将传球作为自己的职责,并且享受为队友送出及时到位的传球,进而帮助球队涨分乃至取胜。在纳什的穿针引线进攻梳理之下,纳什所在的球队往往在进攻上行云流水,有极高的观赏性,经常拿下一百四五十分的高分。事实上,从在小牛队开始,连续九年,纳什所在的球队进攻效率都领跑全联盟,纳什也四次夺得联盟助攻王。曾在十三个赛季流落十一支球队的吉姆·杰克逊,一直认为打篮球不过是一个挣钱的职业罢了,但是当他接过纳什的传球后,他的看法改变了:"经过了十三年的职业生涯后,我终于在这里找到了比赛的乐趣。"可见,在纳什身边打球,让吉姆·杰克逊感到非常舒服。在斯塔德迈尔眼里,纳什可以无视防守,"他(纳什)总能发现谁身处空位,想要球的那个家伙在哪儿。我们根本不用讨论研究这些"。纳什是一位能让队友变得更好的球员,在纳什的带领下,本来名气不算特别出众的队友打出了很高的水准,太阳队也一跃成为联盟进攻数一数二的强队。纳什的队友也都打出了漂亮的数据,当他们离开太阳队时,纷纷拿下了大合同。

不过在纳什职业生涯送出 10335 个助攻的同时,也有 3478 次失误,助攻失误比值 2.97,这并不是一个非常出色的数字,比如爵士队名宿斯托克顿助攻失误比为 3.72,曾效力于火箭队的保罗进攻失误比为 3.59。其实,纳什的失误很多源于他希望队友更加舒服地接球,甚至他已经考虑好队友接下来的动作连接,就如同足球运动员传球时会考虑好队友要用哪只脚处理球一样。当队友出现在合适的位置上时,即便传球路线上只有狭小空当,纳什也愿意尝试大胆冒险的传球,即便为此付出更多失误的代价,可以说纳什帮助队友承担了更多的失误。在足球场上,前场球员尝试果断大胆的传球是值得的,比如送出的直塞只要穿透对手防线,就可能给本方球员创造单刀机会,而一场足球比赛中,有几个这样的单刀直面对方门将的机会,往往足以赢得比赛。与之相比,在橄榄球比赛中,如果四分卫将球不巧传到了对方手上,不仅本方的进攻轮就此终结,而且还有可能让对手直接反击达阵,如同铸下弥天大错。因此橄榄球式的后卫队员传球会相对谨慎,不会轻易尝试冒险激进的传球,但同时也缺少了创造力。

视传球为己任、有高超传球技艺的纳什,也是一名得分技术精湛而全面的球员。纳什长期是“180 俱乐部”成员,或者说是“50-40-90 俱乐部”成员,即一个赛季中在一定命中数基础上,命中率、三分球命中率、罚球命中率分别达到或超过 50%、40%、90% 的球员。纳什四次进入“180 俱乐部”,为 NBA 历史之最。职业生涯之初,专注于组织传球的纳什,其进攻才华并没有得到充分挖掘,直到当时的主教练老尼尔森告诫他不要老是想着传球,应该更多地站出来得分后,纳什的进攻实力才得到更好的施展。“一旦我找到了得分和组织平衡的方式,就为我和队友们的进攻打开了大门”,纳什说道。一方面当纳什更多地主动进攻时,可以成为球队重要的火力点,而当对手开始重视对纳什的防守时,纳什就可以伺机将球传给空位中的队友,让对手疲于奔命,防不胜防。老尼尔森的信任让纳什更主动地发挥出个人进攻端的威力,纳什得分数据也水涨船高,纳什也真正跻身于联盟顶级后卫之列,他在 28 岁时首次入选了全明星,职业生涯则 8 次入选全明星,7 次进入最佳阵容。

作为球队的组织者,纳什总是在场上做出最合理的选择,就是第一时间将球传给进攻最有利位置上的球员,而当他需要自己出手时,也会选择最合理时机把球命中。做到这一点,显然离不开平时刻苦的训练。事实上,纳什是出了名的训练狂,曾是太阳队总经理的科尔就评价纳什是他见过的训练最刻苦的人。每次训练结束,纳什总是最后一个走出训练场接受采访的人,因为他比任何人训练的时间都长。纳什会在训练日一天吃六顿饭,而且坚持健康的饮食,在生活自律方面堪称职业球员的典范,很难听到有花边新闻会跟纳什沾边,作为球队老大哥,也为年轻球员树立了榜样。作为踢足球的篮球运动员,纳什像足球运动员一样对于技术有极致的追求,通过大量刻苦的训练,精细打磨自己的各项技术,比如他会为了纠正投篮时向左偏移的几厘米,用几天时间反复练习同一个动作。这也就不难理解身体天赋一般的纳什为什么能 7 次进入 NBA 最佳阵容,而且长期是“180 俱乐部”的成员。对于技术的精雕细琢让纳什可以在激烈的比赛中随心所欲地发挥,把握关键的机会帮助球队取得胜利。愈发炉火纯青的技术,以及严格自律的生活,很大程度上弥补了年龄增长所造成的身体机能的下滑,延续了纳什的职业生涯。

纳什效力太阳队期间,尽管经常面对球队大换血、阵容过于年轻等情况,但在纳什的带领下,太阳队一直是季后赛的常客。纳什曾率领太阳队两次在季后赛击败了科比单核带队的湖人队,其中 2006—2007 赛季太阳队在 1∶3 落后的情况下,上演了惊天大逆转的好戏。两次挫败正值巅峰、不断刷新得分记录、对于总冠军志在必得的科比,也让纳什成为科比“最恨”的那个人。科比无疑是伟大的球员,但纳什的优势在于,他在球队控卫位置上,可以很好地串联调度球队,进而施展出整体的巨大威力,科比虽强,但双拳难敌四手,最终两次败北。尽管纳什已经取得不可思议的成就,但在其职业生涯中一直未能问鼎总冠军,甚至未能打进总决赛,不能不说是非常大的缺憾。防守是限制纳什的太阳队在季后赛难以走得更远的重要因素,太阳队能在常规赛打出华丽高效的进攻,一般球队很难阻挡。但是到了季后赛,防守强度骤然加大,对手在防守方面也会进行针对性的部署,纳什的球队就很难打出常规赛的进攻节奏。同时在防守方面,球队整体的身体天赋和防守硬度,也难以有效限制联盟其他顶级球队的进攻火力。比如,纳什在效力太阳队期间,三次负于拥有“GDP”豪华进攻线且防守经验老到的马刺队。

2009—2010 赛季,拥有纳什、斯塔德迈尔、理查德森、希尔的太阳队在季后赛次轮以 4∶0 横扫了宿敌马刺队,但在西部决赛中负于得到了加索尔的湖人队,之后科比也终于如愿以偿两夺总冠军。在科比的诚挚邀约下,2012 年 7 月 5 日,湖人队与太阳队完成一笔先签后换的交易,以 3 年 2700 万签下了纳什,纳什与科比也尽释前嫌,并同加索尔、霍华德组成了超级四人组。纳什也曾憧憬着迎接湖人球迷的热情欢呼与掌声,湖人队的新“F4”组合一度备受球迷期待,但是湖人队在磨合方面存在很大问题,而纳什受困于伤病,缺席了大量比赛,湖人队的表现也远不及预期。篮球毕竟是一项对身体天赋要求极高的运动项目,年近 40 的纳什,显然已难复当年之勇,尽管他一直努力训练,希望从背部、神经方面等的伤病恢复到以前的能力和感觉。纳什仍然在为数不多的出场中奉献了精彩的表现,享受在场上的每一分钟,球迷也对于这位老将的付出和执着报以热情的掌声。2015 赛季,合同到期的纳什选择了退役,2018 年纳什无可争议地入选了 NBA 名人堂。

没能成为职业足球运动员，让纳什深感遗憾，但这也造就了一个篮球场上的白人球员的传奇。纳什将自己的足球天赋淋漓尽致地用在篮球场上。他在场上蝴蝶穿花般、充满想象力的精妙传球，正是源于足球技艺。纳什精湛而全面的进攻才华跟他一直踢足球也有莫大关系。足球运动员对于技术的追求没有止境，即便退役多年，纳什觉得他的足球技术还在进步，并将对于足球技术的执着追求用在篮球技艺的打磨上。试想当纳什能娴熟地用脚完成各种技术动作时，他再去用手处理球，怎么能不驾轻就熟、十拿九稳呢？纳什喜欢使用单手传球，他在一场太阳队对阵小牛队的比赛中，送出了68次传球，其中47次是单手传球。后来纳什告诉了他的大学教练迪克·戴维他喜欢单手传球的原因：用单手传球会比接到球再双手传球快0.3秒，所以投手们可以得到多0.3秒的时间去投篮。单手传球很容易让人想到足球比赛中撞墙式配合中的一脚传球，往往会让进攻配合显得极为流畅，对手很难防范，同时也对传球技术有很高的要求。参加足球运动所获得的速度能力，是纳什能在年过30依然在球场保持高机动力的重要原因，在重新回到太阳队时，也得以迎来职业生涯的黄金时期，纳什将足球运动中快节奏的攻防转换应用于篮球中，缔造了影响整个NBA联盟的"跑轰篮球"。得益于足球运动中的短距冲刺、急转急停等对于腿部关节的强化作用，让纳什没有遭遇太严重的伤病，并不断延续自己的篮球事业，尽管他一直受到背部伤势的影响。

尽管没能像他父亲一样成为职业足球运动员，但纳什对足球的热爱和投入始终未变。他会在比赛间歇，飞到英国伦敦为他从小支持的球队热刺队呐喊助威。纳什每年都会组织足球慈善赛，邀请喜欢足球的球员参加，比如诺维茨基、帕克、林书豪、恩比德等。当休赛期来临，不同于其他 NBA 球员在篮球馆挥洒汗水，纳什经常加入到纽约红牛队——一支美国足球职业大联盟球队进行训练，来为新赛季做准备。尽管已经在篮球场上取得巨大成功，拥有两届 NBA 常规赛 MVP 等诸多荣誉，纳什仍然怀疑自己是不是选错了方向，因为在他眼里篮球不过是工作，而足球才是他的兴趣所在。纳什曾参加一场与罗马队的友谊赛，这场友谊赛赛制很特殊，场地一半为足球场，一半为篮球场，各打半场足球、篮球，而纳什在足球比赛和篮球比赛中自如切换，也让罗马王子托蒂惊叹不已。尽管没能为从小支持的热刺队踢球，但他以其他方式参与了俱乐部的发展，纳什收购了部分热刺队的股份，成为热刺队股东。

退役后的纳什，虽然还在为金州勇士队工作，不过这位加拿大的篮球巨星，还有一个更重要的身份——美国特纳体育公司的足球解说员，主要负责欧冠联赛解说。2020 年，在篮球界有巨大声誉和影响力的纳什加盟篮网队，成为球队主教练，麾下有杜兰特、哈登等一众巨星球员，祝愿他在教练位置上也能取得巨大成功。

## 第二节 科比——从小踢足球的超级篮球巨星

科比，五枚总冠军戒指的获得者，历史得分第三高的球员，单场 81 分的创造者，两夺常规赛得分王，一次常规赛 MVP，两次总决赛 MVP，18 次入选全明星，11 次入选最佳阵容一阵，他带领湖人队开创了“湖人王朝”，是可以跟乔丹比肩的 NBA 超级巨星。

科比是年少成名的典型，他没有进入 NCAA 就读（尽管这让他后来后悔不已），高中毕业即通过选秀进入 NBA。之后，他很早就打上了球队的主力位置，在联盟开始崭露头角。1999—2002 年，科比联手“大鲨鱼”奥尼尔组成“OK”组合，实现了 NBA 三连冠。要知道，科比首夺 NBA 总冠军时，不过是年过 22 岁的毛头小子，是什么让他年纪轻轻就取得如此非凡的成就呢？这与他非同一般的成长经历有莫大关系。

科比的父亲乔·布莱恩特是地道的美国人，然而科比的早年却是在意大利长大的。1989 年，科比的父亲到意大利篮球联赛淘金，当时年仅 6 岁的小科比也跟着父亲来到意大利，他在意大利度过了 8 年的时光。他同其他意大利的男孩子一样都酷爱足球，科比有自己支持的球队，该球队就是 AC 米兰队，科比是前巴塞罗那队主教练弗兰克·里杰卡尔德和前巴萨球员罗纳尔迪尼奥的铁杆粉丝。由于身材太高，科比从小踢球时多是当门将。后来当科比上高中时，随父母回到美国，并加入了费城的郊区学校劳尔梅里恩高中，在这里他接受了专业的篮球指导。到高二的时候，是由他父亲执教的。科比的到来也让这所默默无闻的郊区学校，一跃成为亚利桑那州冠军，科比的高中教练格雷格·唐评价科比是“最具统治力的全能球员”。科比在高中阶段的优异表现，帮助他赢得了NBA 球探的注意。科比毕业时，在学术能力评估考试（SAT）中得到了 1080 分，让他可以拿到篮球奖学金进入不错的大学。最终，17 岁的科比选择直接进入 NBA，成为 NBA 历史上第 6 位从高中直接进入 NBA 的球员。

科比一生只为湖人队效力，在这里他与两位不同风格但都非常优秀的中锋合作共事，并分别与他们一起夺得 NBA 总冠军。一位是传统的极具内线统治力的橄榄球式中锋奥尼尔；一位是现代的、技术细腻全面、打法立体的足球式中锋加索尔。科比刚加盟湖人队时，奥尼尔即转会湖人队，成为科比队友，组成了后来威震联盟的“OK”组合。科比的新秀赛季，他大部分时间都是作为球队替补出场，成为 NBA 历史上最年轻的出场球员，同时也是 NBA 历史上最年轻的首发球员。第一个赛季，场均 15.5 分钟的出场时间内，可以得到 7.6 分、1.9 个篮板、1.3 个助攻、0.7 个抢断。到了第二个赛季，科比获得了更多的出场时间，场均得分也提高到 15.4 分，并入选 1998 年全明星。到 1998—1999 年因劳资纠纷的缩水赛季，由于首发后卫埃迪和尼克被交易，科比在整个常规赛缩减到 50 场的赛季中场场首发，开始展现出联盟顶尖后卫的实力，然而湖人队在季后赛的表现没什么起色，他们在季后赛首轮便被马刺队横扫出局。

1999 年“禅师”菲尔·杰克逊执掌湖人队，从此科比的命运发生了转变。杰克逊为湖人队带来了公牛队夺得六冠期间使用的“三角战术”。而此时，经过 NBA 几年的磨砺，科比已成为联盟最好的得分后卫，多次入选联盟最佳阵容，而奥尼尔依旧可以在内线翻江倒海，予取予求，湖人队也成为NBA总冠军最有力的竞争者。湖人队在2000年、2001年及2002年分别击败了步行者队、76人队和篮网队夺得三连冠。其中，2001年季后赛湖人队打出了16∶1的赢输场次，仅仅是总决赛首场负于艾弗森率领的76人队，而未能全胜夺冠。科比也继续全面的表现，2001年常规赛场均得分比上赛季高出6分，来到28.5分。在季后赛，场均得分提高到29.4分、7.3个篮板和6.1个助攻。2002年总决赛，科比场均26.8分、5.8个篮板、5.3个助攻。湖人队夺得三连冠，科比可谓居功至伟，成为NBA历史上最年轻的三连冠获得者。湖人队一时风光无限，成为联盟呼风唤雨的球队，正当湖人队期待夺得更多的总冠军时，其表现却陷入了低潮期，球队也遭遇了前所未有的危机，并进而导致“湖人王朝”的崩塌。

2003—2004赛季，湖人队在西部半决赛中输给了崛起的马刺队。次年，拥有科比、奥尼尔、马龙、佩顿四名篮球名人堂球员的湖人队，在总决赛中，1∶4负于“坏小子军团”底特律活塞队，这直接导致了拥有豪华阵容的“紫金军团”的解体。而科比与奥尼尔的球队主导权之争也爆发出来，奥尼尔转投热火队，而科比选择留守湖人队。此后三个赛季，单核带队的科比由于缺少了强力队友的支持，冲击总冠军之路也变得愈发艰难，然而这也激发了科比的斗志，并让他全面的进攻才华得到完美展现。在2005年12月20日湖人队对阵小牛队的比赛中，科比在前三节独得62分，他下场时竟比小牛队全队总得分61分还高。2006年1月22日，科比完成了铭记历史的经典一役，他在对阵猛龙队的比赛中，里突外投，狂砍81分，创造了个人得分记录。在历史个人单场得分榜上仅次于张伯伦于1962年创造的单场100分记录。2005—2006赛季，科比凭借场均 35.4 分，第一次获得联盟得分王头衔。2006—2007 赛季，在对阵黄蜂队拿到 50 分后，科比成为 NBA 历史上第二位连续 4 场得分 50+的球员。这个赛季，科比以场均 32.8 分、5.2 个篮板、4.4 个助攻蝉联 NBA 得分王，然而他们再次在季后赛首轮 1∶4 输给了太阳队。单核带队的科比率领湖人队一直能进入到季后赛阶段，科比联盟顶级巨星的表现无可挑剔，然而在豪强林立的西部，势单力孤的科比很难带领湖人队冲出重围，冲击个人下一个总冠军头衔。连续多年在西部折戟沉沙，也让科比倍感挫折，甚至一度希望球队交易自己。直到另一位有欧洲背景的内线球员加索尔的加盟，湖人队才真正重回冠军争夺球队之列。

2008 年 2 月，湖人队送出大前锋夸梅·布朗等球员作为筹码，从灰熊队换来了刚刚成为队史得分王的西班牙中锋加索尔。科比与加索尔简直心有灵犀，配合默契，科比对这位队友的赞美之辞毫不吝惜，称加索尔为“最伟大的国际球员”。有了这位得力帮手，科比之后的争冠之路也就愈发顺风顺水。这个赛季的常规赛，湖人队打出了 57∶25 的战绩，位居西部第一。科比也荣获了这个赛季的常规赛 MVP 奖项，这是他职业生涯中的第一次。湖人队在季后赛首轮 4∶0 横扫了对手，并在西部半决赛和决赛中分别击败了爵士队和马刺队，但是在 NBA 总决赛中遗憾输给了拥有“三巨头”加内特、皮尔斯和雷·阿伦的凯尔特人队。科比的争冠脚步不会因为这次失利停歇，有了加索尔保卫内线，科比也得以大展拳脚，他们的目标直指 NBA 总冠军。次年，湖人队卷土重来，他们在常规赛以 21∶3 开局，并再次以西部第一身份进入季后赛。在季后赛，湖人队先是 5 场战胜了爵士队，用 7 场淘汰了缺少姚明的火箭队。在西部决赛中湖人队气势如虹，4∶2 击败了安东尼领军的掘金队。

在总决赛中，面对霍华德领军的魔术队，科比显然不会让机会再次溜走，湖人队4：1击败了对手，问鼎NBA总冠军。科比也凭借场均32.4分、7.4次助攻的表现，首度荣膺总决赛MVP。2009—2010赛季，科比遭遇多次伤病，但这并没有动摇他争夺总冠军的决心。湖人队在季后赛首轮4：1击败了拥有“雷霆三少”的雷霆队，在第二轮横扫了爵士队，在西部决赛中4：2击败了老冤家纳什领衔的太阳队，晋级总决赛。在总决赛中面对老对手凯尔特人队，两队杀得难分难解，最终在抢七大战中，科比上演战神归来，第四节独得10分，逆转了比赛，夺得个人第五冠。这也是科比最满意的冠军，科比也蝉联了总决赛MVP殊荣。

连夺两座NBA总冠军奖杯，让科比的职业生涯成就达到巅峰，然而年过30的科比，仍然在刷新着各种记录，追逐个人第六冠。在2011年全明星赛中，科比大放异彩，拿到全场最高的37分及14个篮板，获得职业生涯第四座全明星MVP奖杯。在2012年12月5日，科比成为联盟历史上最年轻（34岁104天）的30000分先生（之后记录被詹姆斯打破）。然而伤病已经越来越多地限制到科比的发挥，2011—2012赛季，科比接受了左膝和左脚踝的富血小板血浆治疗。湖人队在季后赛阶段，也没有展现过去几年的强势，连续两年止步西部第二轮。2012—2013赛季，湖人队交易得到霍华德、纳什两位全明星球员，组成新“F4”组合，但湖人队表现不及预期，在签约了德安东尼后，球队战绩有所好转。然而此时不幸的事情发生了，为季后赛拼尽全力的科比，在对阵金州勇士队的比赛中遭遇跟腱撕裂的严重伤病，赛季报销，随后湖人队也在季后赛首轮被马刺队横扫出局。顽强的科比显然不愿意就此结束自己的职业生涯，为重回赛场他进行了漫长艰苦的复健训练。2014—2015赛季，科比复出征战了他代表湖人队的第 19 个赛季,由于遭遇罕见的重大伤病,科比的状态大受影响,尽管他已经付出巨大的努力。科比无法忍受自己难以为球队带来帮助并重回巅峰的状态,他宣布 2015—2016 赛季结束后退役。2015—2016 赛季,科比每到一个客场,球迷都会给予这位有着不屈斗志和华丽篮球技艺的老将以潮水般的欢呼和掌声,科比在最后一个主场比赛中狂砍 60 分,带领球队逆转爵士队,职业生涯完美谢幕。

科比是 NBA 历史上最伟大的球员之一,他所在的湖人队夺得了 21 世纪头十年近一半的冠军头衔,尽管没有超越乔丹的六冠,但是在得分榜上还是完成了对前辈的超越。美国 TNT 和体育新闻网都将科比评为 2000—2009 年间的 NBA“10 年最佳球员”。科比为什么如此优秀,为什么他一进入联盟就一直保持在巨星的行列中?分析科比成功的原因,就会发现足球和他早年在意大利生活的经历,对他取得如此非凡的成就有至关重要的作用。

科比的强大首先体现在华丽的进攻技术上。科比是 NBA 进攻能力最强的球员之一,拥有全面多样的进攻技术,突破、跳投、三分、罚球无不精通。科比也有出色的脚步技术,擅于在背身单打中创造投篮空间,他也许是历史上最出色的一对一选手。在科比职业生涯中后期更是开发出了背身单打技术,做到了他所在位置上球员能做到的一切,加之科比所具有的杀手本能和极强的好胜心,使他成为令任何一位防守球员都畏惧的进攻大杀器。作为超级巨星,科比的篮球基本功一直被人称道,而科比在接受采访时表示,早年在欧洲的生活,让他在篮球方面打下了扎实的基本功。科比小时候身高臂长,移动能力不错,所以教练就让他担当守门员。但科比在守门员的位置上待的时间并不长,随着年龄的增长,科比在其他位置上的天赋逐渐显现出来，随后科比成为中场球员，摇身变为组织核心。“其实我当时踢得并不好，偶尔能做出一些漂亮的动作，但无法持之以恒，”科比说，“不过后来我训练非常刻苦，最终让我成为一名中场球员。”中场球员是球队技术最全面且细腻的球员，能攻善守，往往承担球队进攻核心的角色。当科比把专注度从足球转移到篮球上时，科比对于自己的技术方面也有极高的要求。在高中时代他会用一整天的时间反复观看“飞人”乔丹、“魔术师”约翰逊的录像带，学习模仿他们的技术。

科比不仅拥有超强的进攻火力和得分欲望，同时在防守端也有极高的造诣，科比曾15次进入NBA最佳阵容（11届一阵，2届二阵，2届三阵），入选12届NBA最佳防守阵容（9届一阵，3届二阵）。科比是可以在进攻端和防守端都控制比赛的球员，他对于防守的重视由来已久。科比高四那年带领球队，在决赛中击败对手，夺得亚利桑那州冠军，记者采访科比：“你喜欢做出色的进攻还是防守？”科比不假思索地答道：“当然是防守，全力出击，保护你的篮筐。”在那场比赛中科比贡献了4次盖帽。对于一位在进攻端才华横溢的年轻球员来说，能把防守摆在更重要的位置，显得非常难能可贵。科比之所以在防守端表现得如此强硬，与他在意大利踢球的经历不无关系。科比踢球的时候曾经当过守门员，尽管时间不长，但守门员寸土不让、全力保护球门不失的防守意识已经融入了他的血液。当科比来到篮球场上时，显然会把篮筐当作球门来全力捍卫，于是我们经常能看到科比凭借优异的身体天赋，瞅准机会，腾空而起，犹如天外飞仙，送给对手一个“大火锅”。科比踢球时当了一段时间守门员之后，又改踢中场，而这又给予科比在防守端的韧性和硬度。我们都知道足球项目的中场是后卫线前的屏障，也是球队攻守的枢纽，因而在中场位置对于球权的争夺缠斗也最为激烈。中场的防守球员在防守中不仅要给持球者施加强硬的身体对抗，而且要移动迅速，不让对手轻易摆脱，此外还要有良好的预判，以伺机断球。而在篮球场上，科比的贴身牛皮糖防守可以说是所有进攻者的噩梦，尤其是他灵活的移动脚步、强硬的身体对抗、准确的预判都让对方本来熟络的进攻手段不再灵光。科比在篮球场上表现得如此强硬，以至于多年后他的高中母校球队到了客场比赛时，客场球迷会高呼“You need Kobe”（你们需要科比）。科比的强硬，也在对抗激烈、强调防守的季后赛阶段给球队带来很大帮助，在有巨大干扰的客场，科比的表现甚至比在主场更加出色，也反映了科比的强大内心和坚定意志。科比的强硬斗志也体现在与伤病的斗争上。2004 年西部半决赛，科比患上重感冒，身体虚弱，但他依然狂砍 42 分，力挫马刺队。2008—2009 赛季，科比左手的小指、无名指、食指均不同程度受伤，他不得不用绷带固定受伤的手指，但科比并没有因此缺勤，他打完了整个赛季，并夺得最后的总冠军。科比职业生涯中这样的事例不胜枚举。伤疤是男人的勋章，征战联盟多年的科比双手早已伤痕累累，科比却对记者说“只有这样的手才配戴 5 个总冠军戒指”。

科比除了是联盟最伟大的进攻和防守球员，同时也是优秀的组织者，科比往往是球队进攻的第一发起人。很多人抱怨科比不传球，而事实上，科比一直是球队助攻数最多的球员，职业生涯场均 4.7 次助攻，也足见科比的传球功力。科比职业生涯的总得分已经超过了 33000 分，而他的助攻数也超过了 6200 次，是 NBA 历史上唯一一位做到这点的球员。科比虽然被外界批评“打球独”，但再苛刻的专家也不得不承认他的传球天赋。在谈到与雷霆队的一场比赛中，他用传球穿裆杜兰特时，科比直言："就是因为足球，是的，我在意大利的生活培养了这种天赋。""美国篮球教的大部分都是1对2、挡拆或接球即投什么的，但假如小时候爱踢足球，那你眼里就能看出更多的组合和可能，三人战术甚至四人战术，这样你就能善于打三角进攻了。"科比解释道。而且，科比还表示，踢足球可以锻炼他对球场空间和队友站位的敏感度，这样就能让球及时在强弱侧传导，制造出得分机会。科比也表示，要想全队都能明白足球式打法是非常困难的，这也是为什么他能与保罗·加索尔如此默契的原因。加索尔来自西班牙，虽然是大个子，但却也被足球耳濡目染，非常善于传球和策应，且有大局观。"要做到这点真的很难，这也是为什么马刺队这么喜欢寻找会踢足球的欧洲球员的原因。"他笑着说。

科比是一位有大心脏的球员，在关键时刻，总是能有稳定发挥，在职业生涯中奉献了无数精彩绝杀，当然这些离不开科比对于训练的一丝不苟，甚至是自虐式的认真态度。在训练方面，科比是一位极为勤奋的球员，日复一日，精细打磨自己的各项技术。科比的目标明确，并为之不断奋斗，"凌晨四点的洛杉矶"传为佳话。除了出色的脚步移动，足球还让科比明白体能的重要性。足球场大于篮球场，对体能要求更高，而自小练习足球的科比，深知体能之于比赛而言的意义，"足球需要大范围跑动，如果体能得不到保证，那么这会大大影响你的表现，"科比说，"从小我就明白这一点，所以到了NBA，我从来不会放松对自己体能的要求。"科比在NBA的勤奋有目共睹，无论输球还是赢球，他总是利用一切可以利用的时间跑到健身房强化身体素质。科比在休赛期会坚持利用"666训练法"进行特训，即每周6天，每天6小时，每次6个阶段。其中包括

2 小时跑步,2 小时篮球相关的训练,1 小时心肺训练(拳击、跳绳等),1 小时举重训练。就连科比的训练师都坦言“在此之前,还没人能在这样的训练中坚持下去”,但是科比做到了。长期刻苦的训练让他在场上时刻保持高水准的发挥,强大的进攻得分能力让他经常可以凭借一己之力主宰比赛。尽管科比经常因为“不合理”的进攻选择而饱受诟病,但科比的得分终结能力毋庸置疑,科比在关键时刻总能挺身而出,一击制胜,拿下比赛,也留下了无数经典瞬间,科比仅在 2009—2010 赛季就投中六计制胜球。科比关键时刻的得分能力不止帮助湖人队夺得了 5 座总冠军,在美国国家队的比赛中,科比也贡献良多。2008 年北京奥运会,科比第四节独得 13 分,帮助美国队结束了自 2000 年奥运会以来与冠军无缘的尴尬记录。

身体天赋并不算十分出众的科比,为何在一众 NBA 球员中如此出类拔萃,取得极为傲人的成功?因为他并不是典型的美式球员,在科比身上,让人看到了耳目一新的另一种篮球风格。身高 2 米,有优秀身体天赋的科比,移动也非常迅捷灵敏,动作优美舒展,擅于节奏变化,这在美国球员中并不常见,他的进攻选择往往令对手猝不及防,无计可施。我们从执教过乔丹和科比,并都实现 NBA 三连冠的菲尔·杰克逊对于乔丹与科比的评价中,可以对比科比与典型美国球员的不同及他成功的奥秘。菲尔·杰克逊说:“乔丹身材肩更宽,肌肉发达,而科比更灵活,可以从人缝中穿过完成高难度动作,他的柔韧性很好。”科比良好的柔韧性、协调性正源于足球运动,这让他可以经常命中高难度的投篮。科比有着极快的突破速度,也经常凭借不可思议的高难度上篮成为精彩进球的常客。“黑曼巴”是科比在美国的绰号,用以形容他犀利的突破和一击制胜的能力，但这一切的前提是必须有出色的移动能力作为依靠。这方面，足球恰恰赋予了科比很多其他篮球运动员无法掌握的能力。“我之所以在篮球场上的脚步移动那样出色，就是因为我曾经踢过足球，无论是比赛中变化脚步移动的速度，还是不管用左脚或右脚作为移动的轴心脚，我都感觉非常自如。”科比曾这样说道。显然踢足球的经历对他打篮球，特别是脚步技术方面有着很大的帮助。

科比是如此的与众不同，他并不是典型的足球式篮球运动员或橄榄球式篮球运动员，而是集橄榄球式篮球和足球式篮球特点的球员，因而科比可能是世界上最完美的篮球运动员。科比有着美国黑人球员强劲的身体天赋，获得了 1998 年的扣篮大赛冠军，在比赛中时常奉献劲爆的扣篮表演。同时，科比又因为早年参与足球运动而拥有极高的篮球智慧且技巧出众，球风潇洒飘逸，极具美感。此外，科比的勤奋刻苦、对篮球的专注投入、对至高荣誉的执着追求、拼搏精神等，也是世界篮坛所罕见的，这也就不难理解科比为何能取得如此巨大的成就。科比的最后一个赛季，每到一个客场，球迷都会给予这位在 NBA 奋战 18 年的巨星以热烈的掌声，科比就是过去一个时代最伟大的球员之一，他的成就震古烁今，让人们欣赏到篮球运动的别样魅力。科比身上所展现的追求卓越、顽强拼搏的体育精神也在一直激励着全世界无数关注喜爱科比的粉丝球迷，而在中国科比拥有最大的粉丝群体，这从科比中国行的火爆场景可见一斑。

科比称自己是时代的产物，他为自己感到幸运，他说：“在意大利时，奥尔巴赫总会在欧洲举办篮球训练营，我学到了很多，我和马努（吉诺比利）都是那时成长起来的球员。”科比的成功，让人们看到结合两大篮球文化,即橄榄球式篮球与足球式篮球所能展现的巨大威力和无限可能。试想,如果更多的有劲爆身体素质的年轻球员,有机会及早接受足球式的篮球文化,用科比的话说,“学会正确的打球方式”,那么 NBA 联盟也将提升到另一个次元。

退役后的科比依然在延续他的“曼巴精神”,全身心地投入到新的事业中,并在新的领域取得不菲的成绩,甚至于 2018 年荣获奥斯卡金奖。当然,科比的工作重心自然离不开篮球,他自创的《Detail》节目,主要分析 NBA 巨星各种细节处理、机会选择,让无数球员、球迷大受启迪,获益匪浅。科比也投入更多的精力在二女儿 Gigi 的篮球训练中,并希望她有朝一日,继承衣钵,进入 WNBA,成为新的巨星。然而,2020 年初,噩耗传来,科比与其二女儿遭遇坠机事故,巨星陨落。科比的意外离世震惊了整个体育界,当然还有无数粉丝群体。人们不敢相信,他们崇拜的偶像,他们的人生导师,会就此离去。NBA 也举办了大规模的悼念缅怀活动,表达球迷沉痛的心情和无尽的哀思。

我们怀念科比,因为科比太过优秀,他如此与众不同,并非典型的美国球员。或许,我们更应该回顾科比的成长经历,看到早年参与足球运动对于他后来成为超级巨星所起到的不可替代的作用。如果能在青训理念中,更多地参考借鉴科比的成长模式,或许未来能培养出更多“科比式”的球员。

## 第三节 "大梦"奥拉朱旺——篮球场上的守门员

奥拉朱旺,被评为NBA最伟大的国际球员,两枚NBA总冠军戒指的获得者,也是第一位蝉联总决赛MVP的国际球员,他以招牌的"梦幻舞步"成名,重新定义了中锋的作用和价值。

身高2.11米,体重116公斤的奥拉朱旺,并不是NBA中锋中绝对的大块头,但他却统治了NBA的内线。他的现象级灵活性、启动爆发力、细腻手感和全面技术,让那些比他高大的家伙也只能俯首称臣、甘拜下风。奥尼尔在采访中,评选出了自己心目中的最佳阵容,在中锋位置上他的选择不是自己,也不是张伯伦、拉塞尔、贾巴尔这三大中锋,而是奥拉朱旺。1984年奥拉朱旺以状元秀的身份加盟火箭队,力压后来大名鼎鼎的"飞人"乔丹,尽管迈克尔·乔丹取得了非凡成就,然而当时摘下状元奥拉朱旺的火箭队总经理并不后悔当初的选择。奥拉朱旺作为当时球队的唯一巨星,带领球队连续2年问鼎NBA总冠军。奥拉朱旺也凭借总决赛场均33分、10.3个篮板和2.81次封盖的表现蝉联总决赛MVP。奥拉朱旺生涯12次入选NBA全明星,6次入选NBA最佳阵容,2次当选NBA篮板王,3次当选NBA盖帽王。一位国际球员何以在世界篮球中心NBA收获如此巨大的成功,让本土那些强壮凶悍的内线们束手无策?这要从奥拉朱旺的成长经历说起。

奥拉朱旺出生在非洲的尼日利亚,他的父母是银行职员。奥拉朱旺从小就展示了良好的运动天赋,但是他起初并没有选择篮球,而是非洲大多数青少年都喜爱的足球。由于个头太高,奥拉朱旺在场上的位置是守门员。直到15岁那年,因为身材太高,奥拉朱旺被邀请参加当地的篮球比赛,并在比赛中表现得十分抢眼,从此走上了篮球之路。两年后,17岁的奥拉朱旺入选尼日利亚国家男篮,参加全非运动会,他在一场比赛中狂砍60分加15个篮板,其出众的身体素质和良好的篮球技术被美国球探发现,随后奥拉朱旺远赴美国学习篮球技艺,师从休斯敦大学美洲狮篮球队主教练盖伊·刘易斯。

奥拉朱旺大学期间就读于休斯敦大学,首个赛季作为球队新人,并没有获得出场资格。奥拉朱旺请教休斯敦大学篮球队教练组如何获得更多的上场时间,后来得到的建议是拜师NBA的MVP得主摩西·马龙。于是那个夏季,奥拉朱旺如愿获得与NBA顶级中锋共同训练的机会,并进行了数次一对一的对抗。这样与巨星学习对抗的机会,让奥拉朱旺的技术和经验有了长足的进步。一个夏天后,奥拉朱旺重返大学赛场,如同变了一个人。在大二、大三、大四赛季连续三个赛季帮助休斯敦大学美洲狮队成功杀入NCAA冠军赛。其中,第二个赛季,奥拉朱旺带队杀入NCAA四强,最终被北卡罗来纳大学击败。奥拉朱旺在休斯敦大学效力的四个赛季中,平均每场比赛拿下13.3分、10.7个篮板和4.5次封盖,率领球队连续三个赛季打入NCAA四强。在NBA各支球队都将优秀中锋当作建队根基的20世纪90年代,奥拉朱旺也成了NBA选秀状元的热门人选,最终在1984年选秀大会上奥拉朱旺以状元郎身份加盟火箭队。

在火箭队,奥拉朱旺与另一位中锋,1984年最佳新秀拉尔夫·

桑普森，组成“双塔”组合，威震联盟。奥拉朱旺的到来让火箭队战绩也大为改观，从 1983—1984 赛季的 29 胜 53 负，迅速提高到 1984—1985 赛季的 48 胜 34 负，顺利进入季后赛。在季后赛首轮 2∶3 败给了犹他爵士队。在新秀赛季，奥拉朱旺打满 82 场比赛，场均 20.6 分、11.9 篮板、2.68 次封盖，位列新秀榜第二名，当年的最佳新秀是乔丹。次年，奥拉朱旺带领火箭队一路打进总决赛，对手是波士顿凯尔特人队，可惜的是，火箭队 2∶4 不敌对手，错失总冠军。在接下来的几年里，除 1991—1992 赛季，火箭队一直能进入季后赛，却未有大的突破，但多年的 NBA 比赛历练让奥拉朱旺的球技得到了磨砺且日臻成熟。

1994—1995 赛季，随着奥拉朱旺的大学校友克莱德·德雷克斯勒的加盟，球队实力进一步增强，常规赛取得 47 胜 35 负的战绩，以西部第六名身份进入季后赛。在与马刺队的西部决赛中，对位最佳防守球员罗宾逊，奥拉朱旺发挥神勇，系列赛下来，场均可以得到 35.3 分，投篮命中率为 56%，而罗宾逊场均只有 23.8 分，投篮命中率为 44.9%。在总决赛上，火箭队战胜了拥有帕特里克·尤因的纽约尼克斯队，捧得队史首座 NBA 总冠军奖杯，奥拉朱旺凭借出色的表现，包揽常规赛 MVP、总决赛 MVP 和年度最佳防守球员三大奖项。次年奥拉朱旺带领球队再接再厉，在总决赛横扫了拥有沙奎尔·奥尼尔的奥兰多魔术队，成功卫冕 NBA 总冠军，整个季后赛奥拉朱旺场均可以得到 33 分、10.3 个篮板和 2.81 次封盖，投篮命中率高达 53.1%，奥拉朱旺也蝉联了总决赛 MVP，成为首位获此殊荣的国际球员。之后几年，火箭队表现不温不火，均未能进入总决赛，2001 年奥拉朱旺选择加盟多伦多猛龙队，然而个人数据大幅下滑，次年奥拉朱旺宣布退役，结束其辉煌的职业生涯。

在20世纪80、90年代，那个属于中锋的时代，不乏大卫·罗宾逊、奥尼尔、莫宁等实力强劲、特点鲜明的中锋，而奥拉朱旺是其中最强大的那个。相比于进攻，奥拉朱旺在防守端的数据更加惊世骇俗，生涯两次单场盖帽12个，职业生涯场均3.1个盖帽就能看出其在篮下的统治力。奥拉朱旺可谓是一个极为恐怖的防守怪物，他的盖帽是NBA有数据统计以来的历史第一人，他的抢断如后卫般的数据，天罗地网式的防守，压迫感极强，有人把邓肯的对抗、顶人、盖帽和加内特的移动、弹速、抢断合体来形容“大梦”奥拉朱旺的单防。奥拉朱旺职业生涯抢断2162个、盖帽3830个，五次入选第一防守阵容，两次荣膺NBA年度最佳防守球员。奥拉朱旺有着顶级的身体素质，恐怖的弹跳和速度，无与伦比的灵活性和协调性，而这与他从小踢球的经历有关。他曾是一名足球守门员，这使他拥有良好的脚步移动能力和对自己硕大身躯的控制能力，因为足球守门员需要有非常矫健的身手才能扑到各个角度飞来的皮球。同时，作为足球守门员，防守已经成为他的本能，捍卫篮筐已经成为他的神圣职责，奥拉朱旺不仅会毫不留情地盖掉对手内线的投篮，出色的速度和弹跳让他对对手外线的投篮同样有巨大威慑力。比如，1994年总决赛第六战，最后时刻火箭两分领先，此时尼克斯队后卫约翰·斯塔克斯准备外线投出制胜球，但奥拉朱旺在终场哨响前将球盖掉，两队3∶3战平，并在关键的第七场拿下比赛最高的25分外加10个篮板，帮助火箭队夺得队史第一座总冠军。

在进攻端，奥拉朱旺则是进攻的大宗师、万花筒，麦克海尔、西格玛等技术的集大成者，精通背筐面框，无所不能，他能在三分线外发起进攻,像后卫一样突破防守。奥拉朱旺以“梦幻脚步”闻名于世,然而对他来说,“梦幻脚步”只是杀手锏而已,他真正的威胁,在于各种基本功极为扎实,无论是背身单打后的翻身跳投,还是转身勾手、运球突破,甚至空切上篮,他的进攻没有死角,所以他的假动作极具威胁力。作为同时代的伟大中锋对手,奥尼尔认为奥拉朱旺非常难防守,“其他中锋基本上最多也就两三招动作,但“大梦”是那种非常难预测的进攻手,你以为他会往右,结果给你来个左边的,你以为他要跳投,结果他来个低手上篮”,奥尼尔还说,“当你跟他对位,又没有包夹的时候,他吃定你了。”显然,奥拉朱旺娴熟多样的进攻手段,即便是奥尼尔这种级别的对手也往往感到无所适从。奥拉朱旺全面的进攻技术同样与他青少年时代做守门员关系甚大。守门员是一支球队中技术最全面的,他不仅要掌握扎实的门内技术,比后卫球员有过之无不及的防守技术,同时必要时还要承担球队进攻发起者的角色。奥拉朱旺良好的足球功底,让他在转投篮球后,很快地学会掌握各种篮球的技巧打法,并在比赛中运用自如,这也是他初涉篮球不久即能在美国大学篮球中崭露头角的重要原因。

奥拉朱旺不仅有极强的学习领悟能力,而且还能将足球的技术特点运用于篮球实战中,做到无师自通,比如他独创的“梦幻脚步”。1994 年西部决赛火箭队对阵马刺队,和奥拉朱旺对位的“海军上将”大卫·罗宾逊也是那个时代最优秀的中锋之一,曾获得“最佳防守球员”称号,大卫·罗宾逊是一位智商很高的球员,他在音乐方面也很有造诣,甚至还对电脑编程感兴趣。奥拉朱旺认为,对付这样的对手不能用一些简单的招数,于是在火箭队与马刺队的系列赛中，人们看到了奥拉朱旺使用的前所未见的进攻技术和各种令人眼花缭乱的步法运用，大卫·罗宾逊尽管防守非常卖力，甚至认为已经做得足够出色，但仍无法限制奥拉朱旺的得分。在个人数据上，奥拉朱旺全面占据上风，火箭队也赢下了系列赛。奥拉朱旺施展出来的令对手始料未及的招数显然不是通过学习模仿来的，而是来源于另一项运动——足球，凭借踢足球时练就的良好的脚下技术，以及对于篮球运动的理解，创造出了极具攻击力同时又观赏性十足的"梦幻脚步"。

退役后的奥拉朱旺，不希望"梦幻脚步"绝技失传，于是开了培训班传授这一篮下大杀招，尽管费用不菲，每周学费要 30 万美金，但前往学习"梦幻脚步"的球员仍纷至沓来，其中不乏霍华德、詹姆斯这样的联盟顶级球星。当谈到在众多球星中，哪些球员学到"梦幻脚步"的要领真谛时，奥拉朱旺说："姚明算一个，而科比则是天才。""梦幻脚步"需要球员有全面扎实的基本功，才能发挥最大的威力，而进攻技术全面、脚步灵活的姚明，具备掌握"梦幻脚步"的良好条件。科比则是和奥拉朱旺一样，都有足球的基因，这也就不难理解，科比为何能在学习"梦幻脚步"时一日千里、进步神速了。

这里要对比一下篮球运动员与足球守门员的类似之处。如前面所列举的案例，"小飞侠"科比、"大梦"奥拉朱旺都是守门员出身。曾在美国球员面前独得 20 分，送美国男篮奥运首败的苏联球员谢尔盖·贝洛夫也曾是足球守门员，电影《绝杀慕尼黑》经典再现了这场比赛。那么篮球运动员与足球守门员有着什么样的关系呢？

从身体条件和技术要求上看，足球守门员与篮球运动员有诸多相似之处。足球场上守门员与其他位置球员的最大区别是守门员可以经常用手处理球,比如对方射门时扑救、手抛球发动快攻等,而篮球则是主要用手处理球的运动项目。从守门员的身材上看,足球守门员为了有较大的控制面积,一般身材较为高大,比如奥拉朱旺就因为身材高挑而被安排到守门员位置。而篮球是一个对身体天赋要求很高的项目,球员大多人高马大,在2米左右。从技术特点看,足球守门员经常要高接低挡,因而非常灵活,有很强的弹跳力,这样才能飞身扑出对方角度刁钻的射门。与之对应,篮球运动员也要求身体灵活,弹跳要好,才能在投篮、抓篮板、盖帽等环节占据优势。足球守门员被称为技术要求最全面的球员,不仅要有扎实的守门技术,脚下技术也要好,守门员可以传球发动快攻,也需要在对方扑上来时,从容摆脱出球,有时候甚至会让守门员去罚点球。篮球运动员同样要求技术全面,能里能外,能攻能守,既能传球、运球、助攻队友,也能自己得分,有很强的终结能力。

从足球守门员转型到篮球运动员的球员,都自带了强大的防守属性。足球守门员一般是足球场上最后的屏障,要全力保证球门不被攻破,做到一夫当关万夫莫开,有时甚至要舍身堵枪眼,冒着受伤的危险也要扑救,因此足球守门员有极强的防守意识。奥拉朱旺就具有很强的护框意识,他从职业生涯高居盖帽榜首位就能看出。优秀的身体条件、良好的预判让他对对手的威胁不只在篮下,对手外线的投篮,他也能照顾到。这很符合足球守门员对于不论禁区内外的射门一概拒之门外的作风。

做过足球守门员的篮球运动员,也会把足球守门员喜欢激励鞭策队友的作派带到篮球场。足球守门员当对于本方防守不满意时，比如给对手轻松起脚射门的机会时，会暴跳如雷，毫不留情地对队友的表现予以怒吼训斥，提醒队友打起精神、保持专注。奥拉朱旺早年就是脾气暴躁的球员，经常在场上大吼大叫。他的队友就评价说，“当他（奥拉朱旺）在低位要到位置，而你没有及时交给他，他会杀了你”，不过后来他逐渐改变了自己的性格，这也使他发挥更加稳定。同样有守门员经历的科比和奥拉朱旺有相似之处。科比对训练有着近乎自虐式的刻苦态度，与此同时，他对于队友也是严厉有加，必须拿出百分百的投入，一旦有所懈怠，科比便会喷出垃圾话，来激发队友奋战的热情。科比高中的教练唐纳在回忆时说：“科比是一个不好相处的队友，他的要求太高了，但是我认为他是一个好的队友，他对球员彼此负责，我不认为他在那个年龄有什么真正的领导力，但他的交流方式是‘如果你没有110%的努力，那你会听到我的怒吼’。”如果考虑到科比做过守门员的经历，他对于队友的严苛也就不难理解了。当然另一方面，科比对奥尼尔训练态度的不满，也是导致“OK”组合分崩离析的重要原因，否则，科比、奥尼尔也有望联手拿到更多的总冠军戒指。

从奥拉朱旺、科比的成长经历可以看出，守门员或许是足球场上最容易转型篮球运动员的位置球员。同样也有一些篮球运动员转型足球守门员的成功案例，比如曾代表国足参加韩日世界杯的“国门”江津，早年就曾随母亲习练篮球；美国传奇门将霍华德以前也是篮球运动员。

## 第四节 典型的足球式篮球球队——不老传奇马刺队

世界上大部分地区，都是主打足球式篮球，比如世界足球中心的欧洲、对于足球十分狂热的南美洲及亚洲的一些地区。然而，马刺队作为世界最高篮球殿堂同时又主打橄榄球式篮球的联盟 NBA 的球队，却打着足球式篮球就显得格外与众不同。

马刺队是 NBA 的一支平民球队，地处美国一个小城市圣安东尼奥，马刺队很长一段时间内除了邓肯，没有特别大牌的明星，也没有华丽酷炫的打法，但马刺队一直是联盟的豪强球队。马刺队 5 次夺得 NBA 总冠军，截至 2018 年马刺队已经连续 21 年打进季后赛，除 1998—1999 年的缩水赛季 50 场比赛马刺队赢了 37 场外，其余的赛季，马刺队都拿到了 50 胜。马刺队一直是西部冠军的有力争夺者，屡次将集万千宠爱的豪门球队诸如湖人队、太阳队这些拥有很高票房的球队淘汰出局，这也招致时任 NBA 总裁大卫·斯特恩的不满，但波波维奇的马刺队依旧保持自己的风格，才不会过多理会 NBA 管理者的偏好。马刺队有别于其他球队，还在于其是一支非常注重整体的球队，讲究严密的防守、默契的配合，即便是最大牌的球员也要会分享球权，不能蛮干。在防守端也是没有例外，全员高强度防守，此外像鲍文这样的“防守专家”对于球队也是功不可没，强硬的防守也让马刺队在季后赛更具统治力。马刺队建立了一套行之有效且愈发被其他球队学习模仿的体系，其俨然成为联盟的标杆球队，越来越多的马刺系教练、管理者进入 NBA 球队的管理层,引领着联盟的变革。

马刺队的成功离不开波波维奇的调教。波波维奇早年曾就读于海军军官学校,并进入篮球校队,在一项国际比赛中帮助球队夺得第三名。在军校的经历让波波维奇培养了军事化的管理理念,这对他未来的团队管理哲学影响深远。毕业之后,波波维奇赴欧洲负责情报收集工作,在那里,波波维奇深入地领略了欧洲篮球的风格打法。希腊球队奥林匹亚科斯主教练扎里米·奥布拉多维奇是他最崇拜的主教练,波波维奇称其打球方式令他非常着迷,近距离接触欧洲篮球的经历,对他日后篮球体系的确立产生很大影响。后来波波维奇回到美国,执教大学球队哈佛队,帮助球队大幅提升了战绩,波波维奇与这样一群高才生球员相处愉快,他似乎也更加推崇聪明的打球方式。之后,波波维奇加盟马刺队,成为球队总经理。

1996年波波维奇顶替带队成绩不佳的鲍勃·希尔,成为马刺队主教练,开启了其传奇的执教生涯。波波维奇带队执教马刺队并非一帆风顺,初期他也曾面对球队持续低迷险被炒鱿鱼的困境,然而球员们都极力支持他,最终渡过难关。当时对内的大卫·罗宾逊是联盟当红球星,但是他太聪明,场外的很多事情让他分心,他喜欢音乐,电脑编程对他也不是困难的事情。而习惯跟聪明人打交道的波波维奇很好地帮助罗宾逊处理了打球与业余生活的关系。波波维奇执教马刺队的第一个赛季战绩不佳,直到赛季结束马刺队在选秀大会上选来了“石佛”蒂姆·邓肯,让波波维奇获得了执教生涯最重要的帮手。他们的合作让马刺队从此稳居西部豪强。而根据联盟的规定,马刺队之后只能从较低顺位挑选新秀,尽管如此,波波维奇仍可以慧眼识珠,在1999年选秀大会上选中了国际球员马努·吉诺比利,又在2001年29顺位挑中了来自法国的帕克,与邓肯组成威震联盟的"GDP"组合。

众所周知,马刺队打的是"小球战术",球员之间无私地分享球权,执行战术布置,默契配合,让最合适位置的人接球出手,这与足球式篮球极为相似,与NBA传统的强调个人单打独斗大相径庭。比如2014年马刺队第二次对阵拥有詹姆斯、韦德、波什的热火队。在詹姆斯的带领下,热火队将橄榄球式篮球压迫防守发挥到极致,每当马刺队球员得球,热火队球员就像饿虎扑食一样扑上来防守,但马刺队球员总能快速地将球传给位置更好的队友,人跑得再快也不如球传倒得快,五场比赛下来,马刺队就以4∶1击败对手,其中多场都是比分悬殊。马刺队的进攻真正让每个点的作用尽量放大,让进攻行云流水、赏心悦目。马刺队战术风格的形成与波波维奇的执教理念是分不开的,波波维奇甚至认为投三分是"作弊",他认为篮球就应该通过既定的战术配合,在篮下相对轻松地打进,当然后来马刺队也顺应联盟的潮流,引入了格林、邦纳这样的三分射手。

马刺队不仅在进攻上有鲜明的足球式篮球的印记,在防守上,马刺队同样展现了足球式篮球严密的整体防守。马刺队防守既有很强的压迫性,又有很强的张力,层层设防,时常形成以多防少的局面,对重点人进行重点照顾,此外还伺机抢断等。习惯个人单打的进攻者会感觉很不舒服,找不到以往的进攻节奏。马刺队长期垄断联盟最佳防守球队的头衔,将对手的平均得分压制在100分以下,被马刺队铜墙铁壁般防守折磨的球员,甚至会产生再也不想跟马刺队比赛的想法。马刺队的铁血防守是马刺队得以保持强队水准的重要条件，也让他们在比赛强度更高、争夺更为激烈的季后赛更具统治力，同时马刺队也因此成为收视率杀手。比如2006—2007年总决赛，NBA的全美收视率跌到惨淡的6.7%。美国观众喜欢的是超级巨星华丽的进攻表演，但是在马刺队的防守下，对方的进攻变得停滞生硬，更多的是勉强出手。为此，波波维奇没少受联盟的传话，让他改变比赛方式，但波波维奇不为所动，依然坚定地践行自己团队篮球的哲学。

马刺队能打出极具竞争力的团队篮球与波波维奇巨大的人格魅力及他卓越的管理才能是分不开的。波波维奇曾在美国空军学院服役，养成了良好的纪律性，他能很好地管理更衣室的氛围，不允许有刺头出现。同时波波维奇非常体恤球员，如果第二天有比赛，他宁愿自掏腰包交罚款，取消赛后球员采访，让球员得到更充分的休息。这些都让波波维奇得到球员的拥戴，也让他的团队篮球理念得到很好地贯彻执行，球队凝聚成更强的整体。

波波维奇推崇团队篮球至上，而他也更喜欢团队型球员。美国本土球员尽管拥有劲爆的身体天赋、良好的个人进攻技术，但他们更喜欢单打独斗，鲜有配合意识出众的球员。于是，波波维奇将目光投向了海外球员，这些海外球员往往来自于足球运动非常普及的国家或地区，比如"GDP"组合中的吉诺比利来自阿根廷，托尼·帕克来自法国。阿根廷、法国都是世界足球强国，都曾夺得过足球世界杯冠军。在2013—2014年马刺夺冠的赛季，马刺队中曾一度拥有9名国际球员，占15人大名单的一大半，国际球员数量当年也冠绝联盟。其中包括巴西的西普林斯，澳大利亚的米尔斯，法国的迪奥、帕克、南多·德科洛，阿根廷的吉诺比利，意大利的贝里内利，新西兰的阿隆·贝恩斯。这些国际球员从小在有浓厚足球氛围的环境中长大，养成了良好的团队配合的素养技能，学习和实践的也都是团队篮球，因而他们可以很快融入马刺队的篮球体系。

这些年马刺队的核心球星邓肯、帕克、吉诺比利都已过了巅峰状态，接近通常情况的退役年龄，然而马刺队的战绩并未下滑，“GDP”组合也都保持良好的竞技状态。“妖刀”吉诺比利有越老越妖之势，“法国小跑车”帕克则依然跑得飞快，邓肯则在内线翻江倒海，无法阻挡。邓肯惊人的天赋和自律是其状态保持的秘诀，而另两位则要受益于其足球运动的基础。足球运动对人的柔韧性、爆发力都有很大提升，球员经常要急转急停，完成各种精巧的技术动作，足球运动让他们有更好的柔韧性、协调性，也让他们的关节肌肉更加强健有力，尤其是下肢。这一方面，也让他们避免很多伤病——这个危害运动员职业生涯的大敌，同时也让他们在年龄偏大时依然有很好的速度能力。当然作为技术派球员，技术的日臻成熟相较于身体机能的保持要显得更加珍贵，他们对篮球的理解，对技术的合理运用都随年龄和职业阅历的增加达到更高层次，他们不仅通过得分，也通过助攻、抢断、传球等各个环节帮助球队取得胜利。此外，作为老队员，他们对其他球员的帮助提携也是这支球队不断成长进步的重要原因。

不容忽视的是，波波维奇作为球队的主教练，他行之有效的管理理念、所信奉的建队体系及常学常新的篮球哲学也是马刺队永葆青春活力的重要秘诀。詹姆斯评价波波维奇时就说：“在篮球比赛改变如此之大的今天，他（波波维奇）还能拥有不断进步成长的理念，真是令人印象深刻。”詹姆斯说道：“我们的联赛从当初主打内外战术，每一次你过了半场，你就把球交给大个子，到每一次过半场都要打挡拆，再到如今过半场都要投三分，无论比赛如何变化，波波维奇都能够适应，但因为某些古怪的原因，波波维奇总是会让球队变得低调，对此我很不理解。”波波维奇作为学院派篮球教练的代表，能兼容并蓄，勤于向外面的篮球世界学习，尤其是打足球式篮球的欧洲学习，是他能保持篮球理念先进性的重要原因。

应该说，马刺队整体篮球的素养水准与顶级欧洲球队还存在差距。马刺队是融合了欧洲足球式篮球与美国橄榄球式篮球的优点，球员既有很强的个人进攻终结能力，又有良好的团队配合意识。马刺队既有帕克、吉诺比利这样经验老到的团队型球员，也有天赋超群、个人能力很强的莱昂纳德。莱昂纳德帮助马刺队复仇拥有三巨头的热火队，夺得队史第五座总冠军奖杯。我们看到热身赛中欧洲球队很难击败 NBA 球队，而马刺队则多次夺得 NBA 总冠军，这也是说明马刺队更能代表世界最先进篮球的打法。

随着“GDP”组合陆续淡出联盟，波波维奇显然亟须找到合适的替代者，即那些能适应马刺队以往打法风格的球员，才能发挥出波波维奇篮球体系的最大威力，避免沦为平庸的球队，如果能招募到类似马努·吉诺比利、托尼·帕克这样的球员，对于马刺队未来重建意义重大。

## 第五节　詹姆斯——打篮球的橄榄球运动员

要问谁是当今 NBA 联盟第一人,那非詹姆斯莫属。詹姆斯四夺 NBA 总冠军,十次打进总决赛,四次常规赛 MVP,四次总决赛 MVP,联盟第一位完成 30000 分、8000 篮板、8000 助攻壮举的球员,自进入 NBA 后未缺席一次 NBA 全明星赛。

詹姆斯被公认为 NBA 历史上最具天赋的篮球运动员。有人称他有卡尔·马龙的强壮度、艾弗森的速度、乔丹的弹跳。詹姆斯出众的技术和劲爆的身体素质,让他可以胜任球队任意一个位置。进攻时,他可以运球组织,在吸引多人防守后,凭借良好的视野,将球传给空当中的队友,创造轻松取分的机会。防守时,他可以盯防对方最强壮的中锋,我们已经无数次看到 NBA 视频集锦中,对方球员发动快攻,詹姆斯立即启动,对方本以为可以轻松完成扣篮得分,却被启动时已落后数米的詹姆斯高高跃起,如同老鹰捉小鸡一般,张开双翅,将球扇飞,让观众大呼过瘾。

詹姆斯注定是一位伟大的运动员,他在球场找到了最纯粹的激情与快乐。詹姆斯的早年经历充满艰辛,他从出生就不知道自己的生父是谁,被当时只有 16 岁的母亲独自抚养带大。詹姆斯没有兄弟姐妹,他在球场找到了童年最大的快乐。在初中,詹姆斯就同他的伙伴们合作筹钱参加 AAU 篮球联赛,他们的配合充满了默契,在不被看好的情况下打进了决赛,虽然最后遗憾落败收获亚军,但詹姆斯已经脱颖而出,被证明是那项赛事最好的球员。在初中的篮球场，詹姆斯和他的小伙伴们有太多难忘的记忆。

高中时期，詹姆斯加入了圣文森特-圣玛丽高中，詹姆斯也延续了之前的辉煌表演。在高一，詹姆斯就率领球队取得 27 胜 0 负的战绩，在决赛中 73∶55 大胜对手，帮助球队夺得俄亥俄州高中篮球联赛的冠军。整个高中时期，詹姆斯率领球队三夺俄亥俄州高中冠军，很多 NBA 巨星包括科比在观看了詹姆斯的比赛后都认为詹姆斯将是 NBA 未来巨星级别的球员。也正是那段时间，包括美联社在内都管他叫起了绰号“皇帝”。2003 年是选秀大年，这一年之后，NBA 便不允许高中生参加 NBA 选秀，这一年也让很多未来叱咤联盟的球员选择此时参加 NBA 选秀，包括詹姆斯、韦德、波什、安东尼等，而詹姆斯被家乡球队克利夫兰骑士队选中，成为队史首位状元秀，詹姆斯也正式开启自己的 NBA 生涯。

值得一提的是，橄榄球作为美国第一运动，让美国无数青少年为之着迷，梦想成为橄榄球场的英雄，詹姆斯也不例外。詹姆斯高中一共打了三个赛季橄榄球比赛，其中两个赛季担任球队外接手，一个赛季担任四分卫，高三时，詹姆斯还曾带领橄榄球队打进了州半决赛。詹姆斯劲爆的身体素质、高大的身材、出色的速度，让他很容易摆脱防守者，完成接球进攻。在为高中橄榄球队效力的三个赛季中，他曾两次荣获全俄亥俄州高中最佳外接手。他职业生涯中一共有 27 次达阵，总共接球次数 99 次，有 6 次接球码数超过 100 以上。在前绿湾包装工队四分卫，也曾经是圣文森特-圣玛丽高中的防守组教练马克·莫非眼中，詹姆斯是史上最伟大的外接手之一，足以和杰里·莱斯、詹姆斯·洛夫特、斯蒂夫·拉格特这些伟大的外接手相提并论。很多人认为，如果詹姆斯参加 NFL 的选秀也会是状元的有力竞争者，高三时因为非投射手受伤，詹姆斯才决心专注于篮球，不过詹姆斯不止一次地称自己是"打篮球的橄榄球运动员"。

初入 NBA 联盟的詹姆斯就展现出"君临天下"的巨星风范。2003 年 10 月 29 日，骑士客场挑战国王，这也是詹姆斯 NBA 生涯中的首场比赛，他拿下了 25 分、9 次助攻和 6 个篮板及 60%的投篮命中率，成为高中生处子秀得分最高的球员。詹姆斯在前 3 场比赛中，已经成为全队的头号得分手。3 月 27 日在对阵篮网队的比赛中得到 41 分，帮助球队以 107：104 击败对手，詹姆斯也以 19 岁零 87 天成为 NBA 历史上拿下 40+的最年轻的球员。尽管赛季结束，骑士队仅以 35 胜 47 负排名东部第九，未能进入季后赛，但詹姆斯仍以场均 20. 9 分、5. 9 次助攻和 5. 5 个篮板的优异表现荣膺赛季最佳新秀称号。

在詹姆斯征战 NBA 的第二个赛季，初露锋芒的詹姆斯不断刷新着记录。2004 年 11 月 27 日，克利夫兰骑士队以 96：74 战胜公牛队，詹姆斯砍下 26 分，超越科比成为历史上最年轻的得到 2000 分的球员。2005 年 1 月 23 日，对阵开拓者队得到 27 分、11 个篮板、10 次助攻，以 20 岁零 20 天成为史上拿下"三双"的最年轻的球员。3 月 20 日，詹姆斯在与猛龙队的比赛中砍下创骑士历史记录的 56 分，成为最年轻的单场 50 分球员(2009 年 11 月 14 日被詹宁斯打破)。赛季结束骑士队取得 42 胜 40 负，与篮网队战绩相同，因与篮网队相互之间的交战劣势，遗憾未能晋级季后赛。

2005—2006 赛季，詹姆斯变得更加成熟，也更具领导力，足以凭一已之力统治比赛，带领球队取得胜利，骑士队以 50 胜 32 负的优良战绩，排名分区第二，晋级季后赛。在季后赛首轮，对阵东部第五奇才队，詹姆斯发挥极为出色，多次在最后时刻投进关键进球，帮助球队以4：2的总比分击败对手，晋级东部半决赛。詹姆斯在整个系列赛场均35.7分、7.5个篮板、5.7次助攻，命中率51%，三分命中率38.2%，要知道当时他才21岁，有如此表现，真让人惊叹。在东部半决赛中，骑士队以3：4负于经验老到的“坏小子军团”活塞队，被淘汰出局。2005—2006赛季，骑士队在季后赛先后4：0横扫奇才队，4：2击败篮网队，在东部决赛中，詹姆斯所在的骑士队再度与活塞队相遇，詹姆斯发挥异常神勇，如天神下凡，无人可挡。他包揽球队最后30分的29分，在从最后2分钟到2个加时赛，他连砍23分，他像高中时担任过的一往无前的橄榄球外接手一样，一次次强袭活塞内线，还包括连过活塞五人的突破上篮绝杀，将个人强悍的统治力展现得淋漓尽致，首次带领球队进入NBA总决赛。

詹姆斯率领的骑士队因经验不足在首次总决赛之旅中被横扫。时年22岁的詹姆斯显然还不足以应对总决赛的场面，尤其是面对过去四年两夺总冠军、整体实力强大的马刺队，在马刺队有针对性的防守策略下，詹姆斯在总决赛四场平均得分只有22.0分、7.0个篮板及6.8次助攻，最终0：4送马刺队夺冠。詹姆斯赛后接受采访时，并未显得过于悲伤或遗憾，毕竟他还年轻，再度冲击总冠军的机会还很多。然而这一等却是4年，从2007年至2010年，骑士队始终没有给詹姆斯找到好的帮手，詹姆斯曾经联手拥有五枚总冠军戒指的大鲨鱼奥尼尔，结果季后赛第二轮即遭淘汰；也曾招募前全明星球员贾米森，但他已是30多岁的老将，过了状态巅峰期;还曾力邀得分能力很强的“小莫”莫·威廉姆斯做队友,但效果欠佳。

尽管骑士队不断刷新常规赛的战绩记录,在此期间蝉联常规赛 MVP 的詹姆斯的个人数据也屡创新高,但在更拼整体实力的季后赛面前,詹姆斯感到孤立无援。骑士队也是连续四年未能进入总决赛,其中一年是被有霍华德镇守内线的魔术队击败,另外两年则是被拥有三巨头(雷·阿伦、加内特、皮尔斯)的凯尔特人队挡在了总决赛大门之外。一次次的无功而返,让詹姆斯备受打击,也对骑士队管理层失去耐心,用他的话说,为了击败凯尔特人队,他必须找到合适的帮手。2010 年詹姆斯顶着巨大的压力,宣布离开效力 7 年的家乡球队骑士队,加盟拥有韦德的总冠军球队热火队。随后热火队又重金请来了猛龙队的波什,这样热火队就组成了 03 黄金一代新的三巨头,热火队也开启了对东部的统治之旅。

2010—2011 赛季,常规赛热火队取得了 54 胜 28 负的战绩,位列东部第二,排在崛起的公牛队之后。热火队在季后赛无法阻挡,先后 4 : 1 击败 76 人队,4 : 1 淘汰了宿敌凯尔特人队,面对如日中天的罗斯领衔的公牛队,在首场大负 21 分的情况下,詹姆斯在防守端很好地限制了罗斯的发挥,热火队连赢四场进入总决赛,总决赛对手是拥有诺维茨基、特里、马里昂的小牛队。正当人们都以为势头正盛的热火队将毫无意外地夺得总冠军时,小牛队却给了热火当头一棒,首场比赛在落后 20 分的情况下,诺维茨基带领小牛队实现客场逆转。显然,面对 2006 年曾击败自己,让小牛队错失队史首个总冠军的对手,小牛队更有赢球的决心,他们经验更丰富,准备也更充分,最终小牛队以 4 : 1 击败了三巨头领衔的热火队,詹姆斯再度与总冠军奖杯擦肩而过。

2011—2012 赛季,因劳资纠纷,NBA 联盟一度停摆,后来终于恢复,不过与 1998—1999 赛季一样,赛季缩水只有 62 场。热火队卷土重来,在东部如愿夺得东区冠军后,对阵天赋异禀,拥有三名未来 MVP 级别球星,但队伍年轻、单干太多的雷霆队,在硬弓硬马的对抗中,詹姆斯领衔的 03 级三杰笑到最后,最终 4∶2 击败雷霆队。詹姆斯收获个人首座 NBA 总冠军,也凭借总决赛上场均轰下 28.6 分、10.2 个篮板、7.4 次助攻的表现,荣膺总决赛 MVP。

一个缩水赛季的总冠军显然无法满足詹姆斯向历史最佳篮球运动员前进的雄心。接下来两年,拥有三巨头的热火队在东区的霸主地位无可撼动,在季后赛也是势如破竹,未遇太大挑战就杀进总决赛,詹姆斯连续两年面对曾挫败自己首次冲冠尝试的马刺队。2013 年总决赛老辣的马刺队给热火队制造了足够多的麻烦,总决赛第六场,在大比分 2∶3 落后,再输一场就送对手夺冠的情况下,凭借雷·阿伦终场前三分命中,神奇扳平,并在加时赛,4 分险胜马刺队。回到热火队主场,詹姆斯王者归来,狂砍 37 分、12 个篮板和 4 次助攻,最终以 95∶88 力克宿敌马刺队,夺得分量很足的总冠军,詹姆斯连续两年包揽了常规赛和总决赛的 MVP,也奠定了詹姆斯历史超级巨星的地位。

次年,热火队、马刺队再度在总决赛相遇,马刺队补充了后来的 FMVP 球员莱昂纳德,他给老龄化的马刺队带来了天赋,在攻防两端贡献巨大。莱昂纳德凭借超强的个人进攻能力极大地丰富了马刺队的进攻选择,而他出色的身体天赋,也让他很好地限制了詹姆斯的发挥。总决赛意外地呈现出一边倒的态势,热火队连输三场后以 1∶4 惨败，未能卫冕总冠军，詹姆斯的热火队生涯也就此告一段落。已收获两枚总冠军戒指的詹姆斯如愿以偿，他不再担心自己职业生涯碌碌无为，他要兑现为家乡球队骑士队带来一个总冠军奖杯的承诺，于是他宣布回归骑士队。

2015 年，詹姆斯签下了 2 年 4697 万的合同，回到了 4 年前曾毅然离开的骑士队，联手状元欧文，向总冠军发起新的冲击。詹姆斯依旧是那个统治东部联盟的"皇帝"，欧文的存在让他不再孤立无援，再次带领球队杀入总决赛。总决赛面对有斯蒂芬·库里、神射手汤普森领衔的以"小球风暴"席卷联盟的金州勇士队，很不幸的是，欧文在总决赛首场就受伤，而在之前，他对库里的限制很成功，在得分和进攻组织上也贡献良多。尽管缺少了重要队友的支援，但总决赛经验极其丰富的詹姆斯掌控了比赛，连赢两场，但缓过神来的勇士队，逐渐适应了总决赛的强度和氛围，当家球星库里和汤普森也找回了常规赛时的良好状态，而骑士队雪上加霜，再遭打击，球队另一核心勒夫也因伤挂起免战牌，最终勇士队连下四城，以 4∶2 的总比分夺得总冠军。詹姆斯为家乡克利夫兰带来首个 NBA 总冠军的承诺又要推迟实现。

次年，对总冠军志在必得的骑士队与携常规赛 73 胜之威的勇士队再度会师决赛。在勇士主场，比去年更加从容自信的勇士队轻松地连赢两场 2∶0 领先，不过他们在第三场损失了可以镇守内线，又能策应组织的中锋博古特，而去年因伤缺席后面总决赛比赛的欧文，状态愈发神勇，帮助他们在首个主场过关。在总决赛第四场，勇士队取得胜利后，此时骑士队已是大比分 1∶3 落后，NBA 历史上从未有过总决赛 1∶3 落后逆转夺冠的例子，但骑士队做到了，在总决赛第五场，詹姆斯与欧文均得分超40，创造了历史。在关键的总决赛第七场，勇士队的“水花兄弟”发挥失准，而欧文则投进了关键三分，帮助骑士队首夺NBA总冠军，詹姆斯也收获了第三个总冠军戒指，为此克利夫兰进行了盛大的总冠军游行。

如果评选21世纪以来最伟大的状元秀，那一定非詹姆斯莫属。论身体素质、个人综合实力，联盟无出其右者。詹姆斯是NBA十佳球的常客，他霸气十足、力拔山兮的“战斧式”扣篮让人大呼过瘾，他“天外飞仙”如泰山压顶的盖帽也令人印象深刻。当他冲入内线时，经常有多名对方球员，抱都抱不住，论单挑能力，“飞人”乔丹也甘拜下风，因为詹姆斯太强壮。詹姆斯是那种在攻防两端都能左右比赛的球员，他优异的身体天赋和良好的防守意识，让他可以防住对方任意位置的球员，在季后赛中，詹姆斯对于对手重点球员的盯防，往往会非常奏效。詹姆斯有如此劲爆的身体素质，与他高中时代做橄榄球外接手的经历不无关系，橄榄球运动让他更加强壮且有冲击力，还有使命必达的强大终结能力，橄榄球运动也让詹姆斯在防守端极具压迫性，给予对手很强的威慑力。

詹姆斯是一位篮球智商很高的球员，他是球场的指挥家，拥有全面且扎实的传球技巧。他不仅拥有很强的进攻终结能力，同时也可以发现和创造机会，他是一位优秀的球队组织者和传球手。詹姆斯是历史第一位得分和助攻都进入历史前十的球员，他通常在比赛的前半段重点放在组织传球上，帮助队友得分，在下半场或者局面不利时才会接管比赛。詹姆斯的数据是非常全面的，他的传球助攻能力也是联盟顶级。他曾在对阵多伦多猛龙队的比赛中送出17次助攻，并没有出现一次失误。詹姆斯高超的传球才能也与他打橄榄球的经历有很大关系,詹姆斯高中时不仅做了三年橄榄球场的外接手,也打了一年球队的四分卫。做球队四分卫的经历让他拥有一流的战术意识、良好的大局观和出色的传球技艺。当詹姆斯打篮球的时候,他开阔的视野、敏锐的球场嗅觉,加之场上的威慑力,让他可以完成轻松的传球。詹姆斯经常奉献纵贯全场的精准长传,助攻队友完成橄榄球接球达阵式的得分,而"詹韦连线"也留下无数球场的经典瞬间。

四分卫是高智商的代名词,詹姆斯也展现出这方面的惊人天赋。在 2017—2018 赛季,东部决赛首战失利第二天的新闻发布会上,詹姆斯准确地复述了第四节开始阶段连续六个回合当中的所有比赛细节,强大的记忆力震惊了现场所有人,一些记者忍不住当场喝彩。连他的老对手勇士队前锋格雷蒙德·格林都盛赞詹姆斯记忆大师的表现,认为"大家应该为他起立鼓掌"。但同时,记忆力超强在球场也是一柄双刃剑。詹姆斯自己说过,他在球场上,会在一瞬间想起很多事情,比如对手下意识会先迈出左脚还是右脚,自己哪个队友手感更热,等等,这些事情会让詹姆斯有些苦恼,所以后来他加强了自我调节能力,让自己心无旁骛地专注于比赛。于是,我们看到 2012 年东决第六场,不管波士顿 TD 北岸花园球馆充斥着多少嘘声和谩骂,詹姆斯的内心就像突然被他按了静音键一样进入了另一个世界。

除了詹姆斯极其出众的身体天赋和极高的篮球智商外,让他取得如此巨大成功的另一项重要因素是他的领袖气质。詹姆斯很早就展露了这一点,从他高中率领一群小伙伴连夺高中冠军就能看出他的领袖气质,让一帮即便实力平庸的球员,在他身边也能打出极具竞争力的体系。这让詹姆斯一直能取得很不错的常规赛战绩,从职业生涯前两个赛季之后就从未缺席季后赛,之后几年球队加入得力帮手后,更是连续八年打进总决赛。詹姆斯的领袖气质从何而来,可能与其身世有关。自幼詹姆斯的父亲便离开了他,甚至他母亲都不知道詹姆斯的父亲是谁,加之从小颠沛流离,让他在球场上、在小伙伴们中间更能感觉到家的温暖。艰苦的生活环境,也让他更有责任感、使命感,他需要带领小伙伴打败对手,实现夺冠梦想。即便是进了 NBA,收获了巨大成功,詹姆斯仍然会时常与高中的篮球玩伴聚会。进了 NBA,詹姆斯依然是愿意把球队扛在肩上的人,他把队友当兄弟看待,可以看到詹姆斯经常在赛前为队友做激情洋溢的演讲,激励队友斗志,他的任务是打造一个成熟且有战斗力的球队体系,不断向最高目标冲击。正是詹姆斯视队友为兄弟,不断激励带动队友向前迈进,才让每一位新加入的队员都有归属感,加之詹姆斯在场上能掌控全局,非常乐于分享球权,一些之前表现平平、问题不断,甚至屡遭其他球队抛弃的球员,在詹姆斯的领导下都焕发了很强的战斗力,比如 JR · 史密斯。

詹姆斯无疑是联盟顶级的球星,有极为光辉灿烂的职业生涯,是当今无可争议的联盟第一人。但有一项表现,却让他的绝对统治力受到了质疑,那就是总决赛战绩。詹姆斯曾十次打进总决赛,却只赢得了四座总冠军。因何造成詹姆斯在总决赛上屡次被挫败的局面?与传统的西强东弱有关,同时也与詹姆斯面对风格不同的西部豪强所表现的不适应也有关系。詹姆斯是橄榄球式篮球的典型代表,有极其强悍的身体天赋和完备的个人技术,在主打橄榄球式篮球的东部联盟,詹姆斯无疑是最强的,没有球队能撼动其地位，这从詹姆斯连续八年进军总决赛能看出，被詹姆斯打散的球队也有一长串。但是，当詹姆斯来到总决赛，面对的对手则是风格大不一样的足球式篮球的球队，他的球队就不是那么不可撼动了。我们可以盘点詹姆斯所输掉的总决赛的对手，2006 年负于有“GDP”三巨头，打典型足球式篮球的马刺队；2010—2011 赛季 2∶4 负于“德国战车”诺维茨基领衔的小牛队；2013—2014 赛季负于补强最后 FMVP 获得者莱昂纳德的马刺队；从 2015—2018 年三度负于主打“小球风格”，主教练是师从波波维奇的科尔的金州勇士队。正所谓双拳难敌四手，詹姆斯再强悍，但是当面对配合流畅且能打出成熟足球式团队篮球的球队时，也难以应对。

詹姆斯是集合了橄榄球运动两大位置球员即外接手和四分卫优秀特质的球员，这也让詹姆斯显得如此出类拔萃、与众不同。然而橄榄球场只有一个四分卫，自然就难以抗衡人人都是四分卫，即人人都可以组织传球的足球式篮球的球队。尤其是当对手阵营拥有联盟超巨，平衡了詹姆斯这一在季后赛无法被限制的强点的时候，比如拥有莱昂纳德的马刺队，拥有杜兰特的勇士队。但总决赛的战绩无法掩盖詹姆斯的伟大，从个人能力和对比赛的影响来说，詹姆斯依然是这个世界上最强大的篮球运动员之一。

## 第六节　从“独狼”到“马政委”的马布里

在早些年，当人们提起马布里的时候，想到的除了他惊人的天赋与球技，更多的是一些负面的信息，比如与教练不合、我行我素、与队友的矛盾等。当人们都以为这就是马布里故事的终结时，马布里却在遥远的中国开启了人生新篇章。在 CBA 联赛，马布里成为让中国球迷熟知的改换 CBA 朝代的伟大球员。

马布里出生于美国纽约布鲁克林的科尼岛上，从小马布里就被篮球占据了生活，青年时代，他经常绕着科尼岛海滩慢跑来加强自己的腿部力量。“我那时最大的心愿就是能吃饱饭，能让父亲夸一夸我。”从马布里回忆童年时说的话中能看到他渴望受到关注，成为人们心中英雄式的人物。马布里有三个哥哥，他们都是打篮球的高手，其中对马布里影响最大的是大哥埃里克·马布里，埃里克·马布里曾去快船队试训，被球队刷下，于是他把自己的篮球技巧和篮球理念对几位弟弟倾囊相授。马布里从小就被灌输长大要去打 NBA 的思想，毫无疑问这也是绝大多数在美国打篮球的孩子的梦想。年轻时的马布里并不强壮，但他酷爱篮球，争强好胜，喜欢跟比他年长、比他高大强壮的球员比赛。马布里打球很聪明，他的高中教练鲍比·克里蒙斯非常欣赏马布里快速领会教练传授的技巧并立马应用于比赛的能力，称他拥有令人难以置信的天赋。能阅读比赛、娴熟地运用各种技巧或许正是日后马布里能在长人如林的 NBA 立足的原因。

1996 年,作为 96 黄金一代的代表,马布里以首轮第四顺位被雄鹿队选中,进入了 NBA,实现了家族的梦想,被雄鹿队选中后,随即与雷·阿伦互换,被交易到森林狼队。马布里在森林狼队仅效力两个赛季,但他已经展现出一名顶级后卫的能力,他与凯文·加内特的组合被认为是有统治联盟能力的组合。在森林狼队,马布里因为控球时间过长、出手次数过多,被称为"独狼",可他本人不喜欢这个称号。之后,马布里跟球队闹翻,因为他不想成为加内特身后的第二人。出走之后马布里先后效力篮网队和太阳队,期间两次入选全明星。在太阳队的 2000—2001 赛季是马布里的巅峰时期,他在场均 38.2 分钟的上场时间内能贡献 NBA 职业生涯最高的 23.9 分,外加 3.1 个篮板、7.6 次助攻和 1.2 记抢断。诚然,马布里已成为联盟数一数二的组织后卫,2004 年马布里代表美国队参加了雅典奥运会。

2005 年马布里接受家乡球队纽约尼克斯队的邀约加盟球队。尼克斯总经理托马斯迫切希望全明星后卫马布里能成为球队领袖,带领球队前进,然而加盟尼克斯却成为马布里职业生涯的转折点,在纽约的五年里,马布里总是与各种负面新闻相伴。在加盟尼克斯队的第一个赛季,马布里就带领球队打进了季后赛,不过球队止步于首轮,未能更进一步。2005—2006 赛季,球队迎来名人堂教练拉里·布朗,但球队成绩却一落千丈,未能进入季后赛。尼克斯队的糟糕表现,以及马布里和教练的公开争吵,使得他的社会名誉急剧下降。赛季结束后,布朗下课,托马斯上台,马布里遭到了"微笑刺客"的落井下石。2007 年 12 月 3 日,在尼克斯队与太阳队的比赛中,马布里的父亲在为其加油助威时突发心脏病,被紧急送往医院治疗。可明明知晓此事的托马斯却对马布里隐瞒真相,好让马布里继续比赛,当马布里赛后知道这个消息时,他的父亲已不幸过世。马布里再也无法忍受,与尼克斯队彻底闹翻。受到一系列打击的马布里一度萎靡不振,不过挺过了那段人生低谷后的他拼命训练,状态也回升很快,然而时任主教练德安东尼却没有让他上场的意思。2009 年 2 月底,马布里被纽约尼克斯队买断,随后加入波士顿凯尔特人队。马布里在凯尔特人队的表现着实不错,在有限的出场时间里场均可以拿下 3.8 分、1.2 个篮板和 3.3 次助攻,但赛季结束后却被告知只能给他老将底薪。在 NBA 已不受待见的马布里,对篮球的热爱并没有磨灭,他把目光投向了遥远的中国,开启了新的篮球旅程。

2009 年,时年 33 岁"高龄"的马布里加盟山西队。据消息人士爆料,这位前 NBA 全明星球员在 CBA 的薪水与之前相去甚远,除为自营的品牌球鞋宣传外,让他在一般运动员已经退役的年纪到异国他乡打球的最大动力就是对篮球的热爱。显然在 NBA,马布里并没有实现对篮球的诉求,很长一段时间被摁在板凳席上的经历,让马布里对赛场有很大的新鲜感。在山西队的首个赛季,马布里场均可以拿下 22.9 分和 9.5 次助攻的可观数据。然而,在吉林队前经理加盟山西队后,马布里遭弃用。2010—2011 赛季马布里又进入当时的佛山队,数据也进一步提升,场均可以拿到 25.2 分和 5.7 个篮板。在主场与广东队的比赛中,马布里砍下 CBA 职业生涯最高的 55 分。总体来看,马布里的表现在崇尚疯狂刷分的

CBA 外援中表现中规中矩，但马布里的经验及对球队的串联显然更好地帮助了球队，成为佛山队引进的最成功的一名大牌外援。虽然，马布里帮助佛山队提升了战绩，但远没达到马布里的心理预期，他为冠军而来，他需要加盟一支更具冠军实力的球队。与此同时，经过两年 CBA 联赛的历练，马布里已经调整好身心状态，为迎接更大的挑战做好了准备，在 CBA 的第三年，马布里进入了中国首都球队北京男篮。

马布里的选择是正确的，并且全然不顾队内队员的排挤，带来了冠军理念。此时，北京队已经云集孙悦、陈磊、朱彦西、翟小川等一批后起新秀、实力干将，还有大外援莫里斯辅佐。在 CBA 中下游蛰伏多年的北京队，正需要一位领袖人物，带领球队发生质变，改写 CBA 版图，向 CBA 总冠军发起冲击。显而易见，马布里正是这样的球员。2011—2012 赛季，马布里加盟北京队的首个赛季就帮助上赛季仅排名 15 名的北京队以常规赛第二打进季后赛，首轮 3∶1 战胜浙江广厦队，次轮面对旧主山西队，激战五场，北京队最终以 3∶2 力克对手。北京队与山西队半决赛第四场，因为马布里与球迷的“冲突”，第五场被迫拖延，这也让双方异常激烈的竞争更加白热化。可以说杀入总决赛的北京队是历经磨难仍心有余悸，经历半决赛的洗礼，北京队已经更加成熟坚韧，士气正盛。相反，八年七冠的广东队，则在半决赛未遇什么挑战，就以 3∶0 淘汰了同城球队东莞马可波罗队，在多达九天的休赛期后，身体精神状态已经多少有些松弛，对于新军北京队也缺少了解。在一主一客的前两场比赛，北京队以 2∶0 大比分领先，虽然广东队在决赛第三场在主场打出八年七冠的球队统治力，扳回一城，但是接下来的两场比赛，北京队众志成城，尤其是马布里表现神勇，没有给广东队翻盘的机会。对阵广东队这样的豪强能激发他最强大的斗志，屡屡投进关键球，突破也是无法阻挡，多次挽球队于败局之中，最终以 4∶1 击败广东队，夺得北京队在 CBA 历史上首个冠军，五场比赛，马布里场均 33.4 分、4.0 个篮板、6.2 次助攻、2.8 个抢断，攻防两端都展现了世界顶级后卫的水准。

夺冠之后，北京队主教练闵鹿蕾喜极而泣："这么多年了，终于找到想要的外援。"马布里在总决赛的无解表现，也彻底征服了北京球迷的心，人们亲切地称他为"马政委"，马布里也获得了中国的永久居住权。为表彰马布里对北京篮球及北京这个城市的巨大贡献，2012 年北京市为马布里在五棵松体育馆外立了一座铜像，这是属于外国运动员的绝无仅有的巨大荣誉，可见北京人民对于马布里的喜爱和认可。马布里完成了自己的救赎，他在异国他乡的中国所取得的成就和他的受欢迎程度都已远超出生地美国，夺得 CBA 冠军后，当有 NBA 球队抛来橄榄枝时，他毫不犹豫地选择拒绝，他要与队友创造更大辉煌。

2012—2013 赛季，马布里遭遇伤病困扰，季后赛无法登场，北京男篮在半决赛以 0∶3 不敌山东队，当年广东队夺得冠军。次年，北京队卷土重来，以常规赛第四进入季后赛，先后以 3∶0 淘汰了广厦队，3∶2 击败广东队，让对手 12 年来首度无缘总决赛。在经过惨烈的总决赛争夺后，北京队最终以 4∶2 击败老牌劲旅新疆队，再度夺得 CBA 总冠军。2014—2015 赛季，北京男篮以常规赛第四进入季后赛。在总决赛面对来势汹汹、拼抢积极、作风硬朗的辽宁队,马布里再度展现巨星本色。在 0∶2 大比分落后的不利局面下,在主场顽强反击,多次在最后关键时刻命中关键球。正是马布里“超神”的表现,击溃了辽宁队的疯狂反扑,北京队卫冕 CBA 总冠军。整个系列赛马布里场均可以得到 29.7 分、4.8 个篮板、5.7 次助攻和 2 次抢断,荣获总决赛 MVP。夺冠之后,马布里泣坐于地,高呼“王朝已经建立”,显然推翻广东王朝,带领北京队建立新的王朝是马布里的宏伟心愿,这一天他做到了。

马布里拥有美国外援所有的优秀品质,同时马布里又显得与众不同。马布里个人能力毋庸置疑,作为两届 NBA 全明星球员,在所有外援中能力也属上乘,即便是 35 岁以上的“高龄”,在 CBA 仍无法阻挡,很少有球员能跟上马布里的第一步。同其他外援一样,马布里斗志旺盛,极具好胜心和侵略性,马布里拥有决定比赛走向的能力,引领全队的进攻节奏,在最后关键时候,更是能主宰比赛结果,很多时候北京队都是依赖其神勇发挥赢下比赛。这些也体现出橄榄球式篮球中运动员所崇尚的英雄式的个人终结的决心和能力。同时马布里也有其他外援所不具备的品质,这也造就马布里在 CBA 的传奇履历。即尽管很多美国外援来到 CBA 后都会声称要带领球队赢得总冠军,但真正兑现的却很少,而马布里不仅实现了这一点,还推翻了广东队统治,建立了新王朝,可见马布里雄心之大。

马布里把北京队真正当成自己的球队,为球队奉献一切。比如在训练中马布里会以身作则,而不是享受外援特权,与本土球员一样，完成高强度的训练内容，起到了表率作用。在训练中马布里会耐心指导其他队友，如何注意各种细节，让自己做得更好，从而帮助球队赢得比赛。健康的身体是球员职业生涯的基础，很少有外援会拿未来饭碗做赌注，带伤作战，为球队胜利牺牲身体健康。但马布里的好胜心及对球队的责任心，却让他宁愿带伤上阵。比如 2011—2012 赛季常规赛与天津队的一场比赛中，马布里就因与对方球员相撞，导致右脚第 2 根脚趾骨裂，但是马布里带伤坚持打完后面的比赛，并赢得当年的总冠军。2016—2017 赛季，为了争夺季后赛资格，马布里在大腿拉伤、膝盖积液的情况下，与上海队一役砍下 34 分，带领球队取胜，保留进入季后赛希望……

2018 年 2 月 11 日，已年过 40 的马布里，宣布结束其职业生涯。马布里退役后将转型做教练，继续其心爱的篮球事业，也祝福马布里在教练生涯中同样取得骄人的成绩。

# 第五章　从基础性运动理论看中国篮球发展之路

## 第一节　中国篮球现状及根本原因分析

篮球是深受国人喜爱,而且参与度很高的运动项目,在民间有广泛的群众基础。中国篮球在亚洲范围内也拥有很强的实力,长期占据亚洲篮球霸主之位,出现了姚明这样的篮球世界巨星。在三大球中,中国篮球是实力最强、表现最好,也是最令国人骄傲的运动项目。

中国是世界上为数不多的将篮球作为第一运动的国家。中国篮球的普及度极高,据称中国的篮球人口有 3 亿之多,堪比美国总人口。中国有 79 万片篮球场,比其他国家篮球场加起来还要多。几乎每所学校都有大片的篮球场,而一到傍晚时分,都会有很多青少年在球场上你争我抢,享受篮球的快乐。中国的职业篮球体系也相当健全,与亚洲其他国家仅有小规模的半职业篮球联赛不同,中国有两级高水平的职业联赛,即 CBA 和 NBL(全国男子篮球联赛），其中 CBA 有 20 支球队，规模庞大，各个俱乐部都投入巨资打造球队，引进高水平外援补强球队。此外，中国的校园篮球、业余篮球联赛也取得长足的进步，篮球运动已成为很多人生活中必不可少的一部分，全社会都非常喜欢和关心篮球运动。然而中国篮球这些年的成绩和表现，与中国篮球的体量和全社会的重视程度难以匹配。

在世界范围内，中国篮球与世界顶尖强队差距越来越大，在世界大赛上屡战屡败，难有突破。中国男篮曾是世界篮球不可忽视的一支力量，得益于中国篮球巨大的选材面，中国队往往拥有极佳的身材天赋，之前中国男篮曾三次打进奥运会八强，击败过塞黑、阿根廷等强队。但这些年随着姚明等一批实力功勋球员陆续退役，中国男篮在世界大赛上表现得越发低迷，2008 年中国男篮曾排名世界第 9，如今已经接近第 30 名。2016 年奥运会男篮 A 组第四轮的一场小组赛，中国队 73∶75 不敌委内瑞拉队，失去了最好的赢球机会，最后一场在郭艾伦缺阵的情况下，又不出意外地 60∶94 大比分负于塞尔维亚队。至此，中国队也创造了两届奥运会男篮比赛一场未赢的尴尬局面。在球员层面，姚明、王治郅都在世界篮球的最高殿堂 NBA 取得了成功，然而这些年已没有可以在 NBA 立足的中国球员。当我们放眼其他国家，会发现中国在优秀球员培养方面落后了很多。2016 年，有来自 41 个国家和地区的 113 名国际球员效力于 NBA。要知道，在绝大多数国家，篮球并不是主流运动，但这并不影响他们为 NBA 输送高水准的球员，这不得不让人反思中国篮球在人才培养理念和方式上的问题。

在亚洲范围内，这些年中国篮球的霸主地位受到了挑战，中国篮球的水平徘徊不前，优势不再明显。尽管在关系到奥运会参赛资格的年份，中国队在亚洲男篮锦标赛（现改为男篮亚洲杯）上都能如愿夺冠，但是在2007年、2009年、2013年、2017年男篮亚锦赛上却未能夺冠。新近崛起的亚洲新贵伊朗队已成为这些年中国男篮的最强劲敌，尤其是2009年在中国本土举办的亚锦赛上，中国男篮在决赛中52：70惨败伊朗队，将亚洲霸主之位拱手相让。2013年在菲律宾举办的男篮亚锦赛上，希腊名帅帕纳约蒂斯·扬纳基斯率领的中国队更是吃了三场败仗，最终名列第五，未能获得代表亚洲参加扩容的首届男篮世界杯（前世界男篮锦标赛）的资格。中国男篮这些年在与韩国队、日本队这些亚洲传统强队的交手中，也很难占据上风。东亚男篮锦标赛已举办四届，中国队从未夺冠，遇到日本队、韩国队也是鲜有胜绩。2017年东亚男篮锦标赛，更是创造历史最差战绩，最终仅名列第四。中国篮协干脆派出以年轻球员为主的阵容来应付这些赛事，美其名曰锻炼新人，实则不想输得太难堪，以免招致球迷、媒体的口诛笔伐。在诸如亚运会、世界杯预选赛等赛事上，中国男篮也屡屡刷新中国球迷的认知底线，大比分负于约旦队、伊拉克队和印度队，而以往中国队遇到印度队时，往往都会获得50分以上的大胜……从2017年开始，澳大利亚和新西兰加入亚篮联，中国男篮在进军奥运会的路上直面两支劲旅的挑战。其中，对澳大利亚队，中国男篮可谓吃尽苦头，难求一胜。可以想象，中国篮球未来之路将会更加艰难。

中国篮球在职业篮球方面的表现也不尽人意。CBA联赛已经成为亚洲规模最大、水平最高的职业篮球联赛，各俱乐部投入巨大，每年都能吸引很多 NBA 级别的球员来打球淘金。2018—2019 赛季开始，CBA 常规赛季场次已经由 38 场调整为 46 场，比赛更加密集，进入季后赛，各支球队对于 CBA 总冠军的争夺也极为激烈。但 CBA 联赛的繁荣，对于中国球员的水平提升及国家队的进步帮助却很有限。在前男篮主帅尤纳斯发人深省的九问中国篮球中，就质疑为什么 CBA 联赛的水平至今无法提高？尤纳斯惊讶地发现，球员每次返回俱乐部水平都要下降一大截，回到国家队后不得不花很长时间才能恢复至原来的状态。当缺少一些核心外援时，中国俱乐部队的竞争力会降低一个档次。比如 2016 年，作为 CBA 卫冕冠军的四川男篮迎战来访的新科欧洲冠军莫斯科中央陆军队，赛前莫斯科中央陆军头牌球星特奥多西奇还满怀期待，认为两支冠军球队的对决将为球迷奉献一场精彩的比赛。但比赛过程却是一边倒，在缺少哈达迪的情况下，面对欧洲球员娴熟的个人技术、流畅的团队配合及强硬的身体对抗，四川队难以招架，最终以 40 分惨败。无独有偶，2014 年浙江队到澳洲拉练，也遭遇 40 分以上的败仗，其他 CBA 球队面对世界高水平俱乐部球队时也负多胜少。

中国篮球在女子篮球、青年篮球、校园篮球等方面的表现也让人难以恭维。中国女篮曾是亚洲篮球霸主，也是世界篮坛的一支劲旅，曾夺得奥运会和世界女篮锦标赛亚军。然而，这些年中国女篮被日本女篮弯道超车，且差距有越拉越大的趋势，在奥运会上中国女篮也很难突破小组赛阶段。中国男篮国青队之前往往能给人眼前一亮的感觉，在亚青赛上，中国国青队已夺得11届冠军，是该项赛事最成功的队伍，涌现出大批的青年才俊。然而，这些年中国篮球在青年队上的优势不再，屡屡被伊朗队等挡在决赛门外。中国青年队尽管天赋极佳，但在技战术层面的劣势让其显得平庸，在强强对话中落入下风。在世青赛上，中国篮球也很难取得成绩突破，近几年，面对欧美篮球强队，更是屡屡大比分惨败，完全不在一个档次上。在业余篮球层面，中国派出的由纯大学生组成的中国大运队，在小组赛能赢取一两场胜利已相当不易。同样，中国中学生代表队参加世界中学生篮球比赛也往往是大比分落败后，早早打道回府。2019年，中国高中篮球老牌劲旅清华附中，输给美国排名178位的高中42分，中国篮球与世界先进篮球差距之大甚至可用“降维打击”来形容。

可见，中国篮球在各个层面上的表现都是难以令人满意的，这与中国篮球的体量、中国球迷对篮球的喜爱及中国对篮球的重视程度极为不相称。如果说中国足球成绩上不去，是因为群众基础较差、青训跟不上等，尚且情有可原，但中国篮球近年来成绩的不升反降，国际赛场表现平庸就很不应该了。2006年，中国男篮的功勋主帅尤纳斯曾提出著名的“中国男篮九问”，可谓振聋发聩，至今仍值得引起中国篮球界的反思。其中除之前提到“为什么CBA联赛的水平至今无法提高”外，另外八问分别是：

1.“为什么他们会疲惫得那么快？”

2.“为什么他们总是不够快，总是在犹豫？总是在不断地失误、犯错？”

3.“为什么他们总是那么软,总是扛不住?”

4.“为什么中国球员的坏习惯总是改不了?”

5.“为什么我要的球员、我要考察的球员不能来?”

6.“如果一位球员表现不好,你们会如实地反映在报纸上吗?”

7.“为什么姚明不在时,我们就打得没有自信?”

8.“为什么球员们对每一种打法都在不断地问我?”

尤纳斯九问的答案是什么？为什么中国篮球成绩上不去？是什么造成了中国篮球大而不强的局面呢？既不是中国篮球人才选拔体系不健全(尽管也有需要持续改进的地方,因为中国篮球并不缺少人才,缺少的是有特点、能让人眼前一亮、在世界赛场具备竞争力的球员),也不是中国球员训练不够勤奋、球场态度不够积极(与之相反,中国球员可能是世界上训练最刻苦的了,比如天津男篮联赛刚过,就投入下个赛季漫长的备战期了。中国男篮在大赛前也往往会组织长时间高强度的集训,在球场上中国球员也表现得非常努力,有强烈的赢球欲望,但在一些大赛中却很难控制比赛,取得主导权),同时也不是球员缺少比赛历练,联赛水平不够(事实上中国的CBA联赛从参赛队伍数量到竞技水平都名列亚洲前茅,有大批优秀的外援,中国国家队也会参加各种热身赛,比赛经验并不欠缺)。

用基础性运动理论,就可以很清晰地总结出中国篮球落后的根源。中国篮球水平落后的根本原因就是,高水平的五人制篮球需要有其他更典型的团体运动作为基础性运动,比如足球或者橄榄球。而由于中国没有发达的足球运动的环境或者橄榄球运动的环境，导致中国缺少先进的篮球文化或篮球理念，进而造成中国篮球没有形成鲜明的技战术风格，球员个人能力也存在明显不足。

在球员层面，由于篮球理念落后、训练方式陈旧，中国篮球运动员普遍存在明显的短板。尽管中国篮球人口基数很大，却很难培养出进攻、防守、节奏、对抗、技术、意识、身体、斗志俱佳的球员。比如有些中国球员进攻不错，但防守能力却很差，防守意识欠缺；有些中国球员天赋出众，身材很高，但身体单薄，脚步迟缓，对抗能力弱等；有些中国球员个人进攻能力突出，得分能力强，但过于粘球，配合意识差等。中国篮球选材面很广，但很难选出各方面能力都很优异的球员。中国篮球要想在世界大赛中有所作为，就需要培养出一拨具有顶尖水平的球员，这在当前的篮球理念下很难做到。而那些足球式或橄榄球式篮球的国家，则很容易培养出综合素质优秀的高水平球员，这也是这些国家或地区尽管篮球人口基数不大，却不乏球员能进入 NBA 的原因，比如尼日利亚队。足球、橄榄球运动无论是对球员各种身体机能，比如力量、对抗能力、协调性、速度、澎湃不息的体能等，还是对球员技战术意识、技术运用合理性、机会把握能力、临场反应、战术执行力、对快节奏高对抗比赛的适应能力，抑或是意志品质、好胜心等心理素质层面，都有很大的帮助作用。所以，尽管这些国家的篮球人口很少，身体天赋也没那么突出，但他们选拔的阵容总体实力却很强。篮球比赛的胜负取决于场上的五名球员综合实力的比拼，也就是说只要能选出十名综合实力都很强的球员，就会有很大胜算，这显然是中国篮球的一大硬伤。在现有的篮球理念和培养方式下，中国篮球能培养一大批不错的球员，但是却很难走出真正拔尖的、在世界赛场也具备竞争力的高水平篮球运动员。

在技战术层面，中国篮球的技战术理念已远远落后于世界先进篮球。尽管中国球员天赋突出，个人能力也很不错，但他们却很难组成真正有竞争力的强大整体。不客气地说，中国的篮球队，在世界强队面前如同“乌合之众”，组织松散，无法适应高强度的比赛。中国球员的篮球理念相当原始和落后，中国篮球体系的维度远不及国外先进成熟的篮球体系。用一个形象的比喻，在篮球理念上，当中国篮球的对手们已经实现了机械化、信息化时，中国篮球仍然使用“小米加步枪”的方式和对手比赛。由于中国篮球运动员从小往往只是单纯地训练篮球，对于其他运动项目的涉足、研究并不多，很多情况下，他们只需要利用身体优势或个人能力就能赢下比赛。因此，长久以来，中国球员的组织配合能力、战术执行力、对比赛的阅读能力等，并没有随着年龄增长有明显长进。而国外的篮球强国，由于橄榄球、足球等运动群众基础较好，来自这些地区的篮球运动员可以直接参与或经常耳濡目染地接触这些运动项目，他们的篮球技能也深受影响。他们不断从橄榄球、足球运动中学习、借鉴、吸收有益的东西，比如技战术理念、对细节的把握、训练方法等，再结合篮球运动本身的特点，逐渐形成自身鲜明的技战术风格和打法。而且随着橄榄球、足球运动的潮流趋向，其篮球技术理念也在不断演进发展。可以说在技战术理念上，世界先进篮球已经领先了中国篮球不止一代。中国篮球虽然一直在模仿学习欧美篮球强国的技术风格打法，但也只是“形像神不像”，难以领略其精髓。

由于篮球理念上跟欧美篮球强国存在“代差”，也就不难理解，为什么篮球人口那么多、天赋条件如此突出、重视和投入程度那么高的中国篮球在世界上只能位列20名开外。而欧洲的一些国家，面积人口甚至不如中国一个省，篮球运动也不算很普及，但他们的男篮队伍世界排名却能位居中国队之上。中国男篮国家队即便是面对欧洲国家二队、三队时，也很难取胜。虽然单较个人能力，可能占上风，但是在技战术素养、比赛节奏、对抗强度上则明显不及对手。这都源于欧洲、南美洲这些国家非常浓厚的足球氛围，这使他们可以自然地打出足球式篮球。尤纳斯之所以提出在他看来无法理解的“中国篮球九问”，就是因为在欧洲的环境中，球员应该自然地具备那些基本的能力素质。但他忽略了中国并没有欧洲极度发达的足球运动的浓厚氛围作为基础，也就无法形成相对应的先进篮球文化。那些本该自然而然具备的能力素质，在中国球员身上可能就需要付出大量的时间和精力去培养灌输，而且最后的结果可能差强人意。比如，对于中国这样足球、橄榄球并不盛行的国家，想在比赛中达到篮球强队的竞技状态，就只能通过高强度的训练、大量高水平的比赛累积和比赛中极高的专注度，这样的要求显然对于任意一名球员来说都是非常苛刻的。有时候中国队为了在防守端给予对手足够的压力，启用体能更佳、防守积极、能跟上现代篮球快节奏的年轻球员，但这些年轻球员往往经验明显欠缺，身体对抗、个人技战术也存在短板。

下面罗列一下中国篮球普遍存在的问题，并以中国篮球选择足球式篮球技战术体系时,来说明这些问题是如何得到解决的。

1. 尤纳斯九问中国篮球的第一大问题:中国男篮为什么会疲惫得那么快?中国男篮往往只能在局部时间打出较高的竞技水平,但受制于球员体能不佳,状态很快下滑,尤其是最后阶段,经常因为体能问题,领先时被逆转,落后时则无力组织反扑,甚至被继续拉大分差。世界大赛的比赛对抗强度和节奏比国内联赛高得多,到了国际赛场,中国球员只能强行提速才能跟上对手的节奏,这也导致体能消耗骤然加快,很快就出现疲惫状况,并严重影响技战术发挥。相反,欧美发达国家的国内篮球联赛的比赛节奏跟国际大赛是差不多的。足球运动是90分钟全场高速激烈的对抗,且足球运动比赛间歇很少,连贯性强,足球运动员要在比篮球场大得多的场地上反复地高速冲刺,这对球员心肺功能会有极大地提升。中国篮球如能打出足球式篮球,会让中国球员的技战术发挥有良好的体能作保证,进而适应现代篮球的快节奏和高强度对抗。

2. 中国篮球往往只有后卫等个别位置球员有组织进攻能力,在进攻时,其他球员往往站在原地看后卫表演,等着后卫将球喂到手,或者欣赏队内进攻最强的球员完成进攻单干,再去折返跑,所谓“站着打”。如此一来,对手只要限制了后卫,就很容易掐住全队的进攻。而足球式篮球中,则是每个人都有组织传球的能力,有良好的传球视野,球员跑位灵活,传球流畅,即便一点被限制,其他位置也能重新组织,能根据瞬息万变的场上形势快速反应,及时调整战术,把握住稍纵即逝的机会。

3. 中国篮球的战术套路单调机械,缺少变化和创造力,战术意图很容易被识破，在防守严密积极的对手面前很难创造轻松投篮的机会，难以打出高质量的进攻配合，很多时候都是顶着防守勉强出手，命中率自然难有保证。中国队在防守端基本可以做到积极凶悍，且由于有良好的身体天赋，尚能较好地限制对手。而中国队在进攻端的低效是其难以跟世界强队相抗衡的主要原因。表现在个人进攻上，中国球员不及橄榄球式篮球运动员；在团队配合上，又远不如打足球式篮球的老牌劲旅，比如西班牙、塞尔维亚、巴西等，从而造成中国队进攻乏力的状况。足球式篮球运动员往往有很强的战术素养，他们学习借鉴足球比赛中千变万化的战术配合，而且动作连贯利索，传球犀利，球到人到，让对手难以防范，从而打出高质量的进攻。

4. 中国篮球运动员往往不适应快节奏、高强度的对抗，打球按部就班。比如自己刚千辛万苦地投进球，还沉浸在进球的喜悦中时，就被对手轻松打了快攻，比赛中往往跟不上对手的节奏。而足球式篮球运动员则习惯了全场的快速攻防，一旦得球会立马发动进攻。同时，防守时也是时刻警觉，步调一致，第一时间回追补防，因此他们非常善于高速攻防转换，同时进攻防守也更有立体感，贯穿全场每个角落。

5. 中国篮球运动员防守意识往往仅限于半场阵地，一对一盯人防守，防守模式很单一，且人与球位置不能兼顾，很容易被打穿，有些时候容易松懈，给对手轻松得分的机会。而足球式篮球中的防守则变化多端，有全场紧逼、包夹防守、区域联防等，伸缩性很强。球员有较强的防守预判能力，时刻注意协防保护，对持球人能瞬间形成以多防少，脚步移动极为灵活，防守积极甚至凶悍，让对手的进攻组织很难奏效。足球式篮球中防守球员能保持很高的专注力，一旦对方进攻形成威胁，会第一时间干扰破坏，保证防守上全场的高强度。

6. 中国球员比赛稳定性不够。在激烈的对抗中，容易技术动作变形，失误连连，显得基本功不扎实，实则是快节奏、强对抗下技术发挥的稳定性不够。而且中国篮球运动员罚球能力差，尤其是一些关键的比赛中，丢掉罚球这种简单的得分机会，着实可惜。而足球式篮球运动员，则习惯在高强度的对抗下协调流畅地完成各种技术动作，能很好地控制失误率，保证稳定的技战术发挥。在罚球方面，足球式篮球运动员，往往经历感受过足球比赛中紧张刺激的点球大战的洗礼，心理素质更坚定，而且不同于足球比赛有守门员封挡，篮球罚球只需稳稳地投进篮筐即可，这对他们来说很轻松。由打足球式篮球国家主导的国际篮联 FIBA，甚至在比赛中限制罚球时间不得超过 5 秒，因为对他们来说，投进无人防守的篮筐，实在很简单。同时他们对于罚丢球也不会那么泰然处之，因为足球运动员罚丢一个点球，可能会直接导致比赛失利，并因此成为职业生涯的一大遗憾。

## 第二节　放眼亚洲，我们的竞争对手大多主打足球式篮球

篮球是中国最受欢迎的体育运动之一，群众基础极为可观，也让中国篮球的选材面非常广。无论从何种层面来说，中国篮球都应该是亚洲的绝对霸主，并在世界篮坛占据重要位置，但事实并非如此。

在20世纪90年代以前，中国男、女篮并没有在与韩国队的竞争中占据优势。从20世纪90年代到21世纪初，中国篮球逐渐称霸亚洲篮坛，然而随着伊朗篮球的崛起，中国篮球的霸主地位岌岌可危，在很多比赛中，当遇到亚洲传统的几支强队时经常栽跟头或艰难涉险过关。是什么让在亚洲其他国家并不十分普及的篮球运动，却能在大赛中展现很强的竞争力，甚至在与中国队的对抗中也不落下风呢？答案就是足球。下面细说一下，亚洲篮球主要竞争对手的篮球发展与足球的渊源。

韩国，作为亚洲篮球的传统豪强，其在足球领域的地位已无须多言。自韩国男足建队以来从未缺席一届世界杯，足球也是排名棒球之后的韩国第二大运动。尽管韩国男、女篮在篮球方面建树颇深，尤其是女篮，曾12次夺得亚洲女篮锦标赛冠军，而韩国男足已近五十年未在男足亚洲杯上夺冠，但韩国人对于篮球的热情并不高。据传，韩国仅有2000人的篮球人口，尽管这个数字略带夸张，因为中国一所高校打篮球的人都可能不止这个数，但也说明韩

国篮球群众基础薄弱,并不被主流所接受。韩国没有真正的职业联赛,只有混编大学球队的半业余篮球联赛,每年赛季持续两个月。有人说,韩国篮球的成功要归功于韩国球员刻苦的训练,这是有失偏颇的,其训练强度无法跟真正的职业联赛如 CBA 相提并论,而且韩国球员也未必比中国球员勤奋多少。

韩国篮球强大的真正原因是韩国的足球。韩国有“十个男人九个踢球”的说法,几乎每个韩国男孩都有个足球梦。韩国完善的足球青训体系也保证了每个青少年都有机会参与到足球运动中去。可以想象,当他们进入高中或大学,有些青少年个头太高,已不适合足球运动,好在此时,篮球队需要高大球员,于是他们便半路改打篮球。由于这些球员有了很好的足球底子,当他们打篮球时也很得心应手,很快适应,经过一段时间的刻苦训练就能达到很高的水平。韩国篮球给人的印象就是快速、灵活、多变,无球跑位、传切配合极为娴熟流畅,技战术意识不逊于世界老牌篮球强队。尽管韩国球员身体天赋并不算很突出,但技术扎实,移动速度快,尤其是三分球,是韩国队的招牌,一有空当,几乎都能稳稳命中。这些可以说都来源于他们从小长年累月参加足球训练打下的功底,如良好的跑位配合意识、充沛的体能、细腻的技术等,当然还有足球运动所带来的不屈不挠的顽强韧劲。网上有一个视频,内容是一个进攻回合中,双方有八个人摔倒。这也体现出,韩国篮球运动员,将足球中全场压迫防守不遗余力地用在了篮球场,每个防守动作都拼尽全力,发挥出极致速度。把足球场上的动作,用在不穿钉鞋,且脚下是地板的篮球场上,带来的副作用就是很容易滑倒。有了这种对于防守的投入和高速拼抢,再加上技术上的打磨和经验累积,那么对任何对手来说都是不容忽视的。

伊朗,新晋蹿升的亚洲篮球新王,已对中国篮球在亚洲的霸主地位发起强有力的挑战。近几年,在哈达迪、巴赫拉米等球员的带领下,伊朗男篮已在男篮亚洲杯上三次登上冠军宝座。在青年队层面,伊朗篮球也表现抢眼,夺得 2016 年亚洲 U18 青年篮球锦标赛桂冠。伊朗男篮的崛起不过是最近十几年的事情,随着以哈达迪、巴赫拉米、卡姆拉尼为核心的伊朗男篮夺得 2007 年男篮亚锦赛冠军,伊朗男篮迎来中兴时期。伊朗男篮的突然崛起固然与涌现出一拨天才球员有关,然而其国内的篮球发展环境才是其成功的关键。这些年伊朗篮球坚定地走学习欧洲篮球的路线,伊朗国家队的主教练也一直聘请自东欧地区,使伊朗男篮的风格呈现技术细腻又不失实用的特点。伊朗积极地在全国普及篮球运动,要知道之前这里一直是足球的天下,目前伊朗已建立起完善的职业篮球体系。而且,伊朗篮球联赛限制外援的使用,联赛不是由外援唱主角。曾打过伊朗联赛的前浙江队外援斯托瑟就说:“(伊朗联赛中)如果有需要,任何人都可以执行最后一投,不会固定让外援干。”

良好的群众基础,坚定地走符合自身情况的欧洲篮球技术路线,让伊朗篮球的先天优势得到了前所未有的良好挖掘,其崛起也就成了必然。这里的“先天优势”就是伊朗强大的足球实力,伊朗男足作为亚洲足球的豪强球队已数次打进世界杯,并且在世界杯上不乏亮眼的表现。在与篮球比赛人数一致的五人制足球领域,伊朗男足更是甩开了与亚洲其他竞争对手的差距,跻身世界前十。由于伊朗较好的足球基础,加之这些年来政策得力,让伊朗男篮得以发掘出很多有篮球天赋的球员，而这些球员本身也具备良好的足球功底，或者成长于足球式篮球环境中，他们能打出非常不错的足球式篮球。伊朗篮球本身具有身体对抗优势和良好的技战术意识，加之这些年不断提升的篮球天赋和个人技术，让他们足以对抗不少欧洲球队。可以想见，随着伊朗男篮更多天赋型球员的不断涌现，球员对足球技术在篮球上的运用更加纯熟，伊朗男篮必将给中国男篮制造更大的“麻烦”，成为亚洲冠军的有力争夺者。

日本，雄厚的足球基础助力日本篮球崛起。说起日本篮球，最为人熟知的莫过于日本漫画家井上雄彦创作的漫画《灌篮高手》，这部作品早已风靡全世界，激发了无数篮球少年的篮球激情。在现实中，这些年日本篮球也逐渐走进人们的视野，相较于日本男篮，日本女篮这些年的表现堪称惊艳，已连夺四届女篮亚洲杯冠军，并且连续七年压制中国队。尤其是 2015 年在长沙女篮亚锦赛决赛中狂胜中国女篮 35 分，差距之大令人咋舌。这一切来得太过突然，要知道以往中国女篮曾长期占据亚洲霸主宝座，遇到身材不高的日本女篮往往都是一边倒的大比分获胜。同时，我们发现日本女篮的崛起并非源于两位核心球员吉田亚纱美和效力于 WNBA 西雅图风暴队的渡嘉敷来梦的表现，而是来自整体的强大。日本女篮有极为鲜明的技战术风格，尽管身材不高，但速度快，攻防转换快，防守移动脚步快，穿插跑动积极，处理球合理且耐心，队员基本功扎实，把握机会能力强。其实只要稍作联想，就可以得出日本女篮崛起的秘诀。我们都知道日本女足在 2011 年德国女足世界杯上力克德国女足和美国女足，夺得女足世界杯冠军，震惊世界，这些年也一直保持在一流强队之列。在青少年足球方面，日本女足也接连夺得U17世少赛、U20世青赛冠军,仅用7年时间日本女足就包揽三大项冠军。日本女篮的成功正是源于日本在足球人才培养上的成功,日本的校园足球体系非常发达,比如每年举行的日本中学生足球锦标赛已有百余年历史,每年都会有几千支球队参加,非常火爆,其中也不乏女足球队。

可以说,完善健全的校园足球体系让日本女足队员从小打下了非常好的足球基础,当一些球员参加篮球比赛时,也很自然地将足球技术运用于篮球。日本女篮队员在快节奏、高对抗的比赛中良好的处理球的能力正源于足球训练和比赛,她们极快的移动速度、良好的防守包夹补位意识也来源于足球,她们良好的技战术素养、关键球的执行能力同样来源于足球。此外,由于足球是90分钟的高强度对抗,足球运动也赋予她们超强的体能,让她们可以一直保持快节奏的攻防速度。对手只能通过强行提速来跟上日本队的节奏,这就让体能消耗骤然加快,而且技战术发挥的水准也会下降,导致失误连连、投篮命中率下降严重。很多日本女篮的对手会采取频繁大面积轮换阵容的做法,来保持场上的球员体能,比如五上五下,却依然难以避免在比赛最后阶段因体能跟不上而被拖垮的局面。毫无疑问,即便是已有强大的体能储备,并擅长打出快节奏,也不可能在每一场比赛中都拼尽全力,尤其是打那种场次密集的赛会制比赛,那将是对体能的极大考验。因此,日本女篮往往会在小组赛阶段有所保留,而到了淘汰赛,特别是最后的决赛,才会放开手脚全力一搏,展现出快节奏攻防对抗的巨大威力。比如,2015年女篮亚洲杯上,中国女篮和日本女篮在小组赛阶段相遇,势均力敌,仅以两分惜败,而等到决赛再碰面时,中国女篮完全跟不上对手节奏,最后狂输了30多分。日本女足一直以来都是中国女足的主要竞争对手,双方表现差不太多,尽管中国女足未曾夺得过女足世界杯,但也有夺得过奥运会女足亚军的光辉历史,这些年战绩也是可堪嘉奖。但中国足球的普及程度相较于日本就差得太多了,中国女篮队员可能从小都未接触过足球,而是纯粹地练习篮球,自然也就难以领悟和实践足球式篮球的特点和技战术理念。

相比于近年来表现强势的日本女篮,日本男篮之前在亚洲一直未有太大作为,这些年也在发生改变。日本女篮可以凭借技术和速度弥补身高天赋上的不足,但同样的事情却不会发生在日本男篮身上。日本男篮技战术素养方面在亚洲已属上乘,但在速度、弹跳等运动能力上并不占优,且身高上吃亏太大。得益于良好的足球环境,日本篮球盛产优秀后卫球员,曾有两名日本后卫与NBA有过交集,分别是曾短暂效力于菲尼克斯太阳队的田卧勇太和代表独行侠队打过NBA季前赛的富坚勇树。他们都具备出众的传球视野、极佳的传球手法、立体多变的传球线路,有鲜明的足球式篮球控卫的特点。但是NBA要求控卫更加全面,除了组织传球,也必须有良好的个人得分能力和防守能力,这也是这两位日本后卫无法在NBA立足的重要原因。不过日本男篮天赋不足的状况随着这些年日本男篮重视混血和归化球员得到了很大改观。在2018年的篮球世界杯亚洲区预选赛上,日本男篮爆出大冷门,以79：78击败强大的澳大利亚男篮,送给对手加入亚篮联之后的首场败仗。队中天才少年、有黑人血统的八村塁,在比赛中砍下24分、7个篮板,立下汗马功劳。出生于1998年的八村塁,已经是两届世青赛的得分王,2019年帮助冈萨加大学打进了NCAA总决赛,被视为选秀一大热门。同样在男篮世预赛上有上佳表现的渡边雄太,已经通过选秀加盟灰熊队。日本男篮在短短时间内涌现出两名NBA级别的球员,反映出一旦日本篮球发掘出身体天赋优异的球员,依靠着日本主打足球式篮球的氛围环境,极有可能培养出极具竞争力的球员。比如八村塁有着不俗的身体天赋,技术全面,擅长外围投射,他还有不错的组织策应能力,有良好的传球视野。补足了天赋的日本男篮将成为中国男篮强有力的竞争对手,并将改写亚洲篮球版图。

除了韩国、伊朗和日本这些亚洲传统篮球强队,另外还有一些球队让中国球迷印象深刻,有的甚至让中国队栽了跟头。2016年中国国奥队曾远赴朝鲜,与朝鲜小白水男篮队打了三场热身赛,结果三场尽墨,消息传回国内,一片哗然。要知道,以往中国队遇到身材瘦弱矮小的朝鲜队,基本都是毫无悬念的大比分获胜。国内有球迷调侃是不是裁判判罚有严重的不公平对待。随后不久,朝鲜队应邀到中国与中国国奥队打了一场热身赛,中国球迷也就此认识了朝鲜队的实力。结果是在比赛过程中并非赛前预测的一边倒,朝鲜队尽管身高比中国队矮一头,最高的才一米九几,而且由于营养不良,身材很瘦削,但他们进攻配合非常默契流畅,不停地穿插跑位,射术也极为精湛,命中了很多高难度的三分球。有一球,朝鲜球员突破上篮,在背对篮筐顶着防守球员的情况下,依然将球打进,令观众为之叫好,这也体现了朝鲜球员良好的身体协调性和空间感。由于跑动过于积极,且可轮换的球员较少,朝鲜队最后竟有球员抽筋,这在篮球比赛中很罕见,朝鲜队表现出的技战术风格让人不禁想到其近邻韩国队。毫无疑问,朝鲜队技术细腻程度、战术素养要强于以篮球大国自居的中国队，是什么让一个篮球运动非常贫瘠的地方培养出这么有特点的篮球队呢？答案就是他们良好的足球氛围，足球一直以来都是朝鲜最受欢迎的运动项目，朝鲜男足曾两次参加世界杯，而中国队只有一次。朝鲜篮球运动员积极的战术跑位、流畅的传切配合、良好的身体协调性、不错的机会把握能力都源于足球运动的良好基础。最后有朝鲜球员跑抽筋也反映出其对足球运动的大范围积极跑动的充分运用。

在西亚地区，无论是足球环境，还是人种，都与欧洲相似，因而他们的篮球风格也接近于欧洲。西亚篮球崇尚力量对抗，技战术素养较高，注重团队配合，因而西亚国家的篮球往往能展现出相当强的水准，比如黎巴嫩队、约旦队等都曾是中国男篮在亚锦赛上的决赛对手。只不过受制于国内篮球普及的程度不高，这些国家的球队往往面临青黄不接的情况，球队竞争力也就难以保持。这些年，中国男篮最不可思议的输球，除了 2014 年在武汉举办的男篮亚洲杯上中国国奥队负于印度队，就要数 2016 年的亚洲男篮挑战赛上 82：87 负于神秘之师伊拉克队，最终位列第五。不仅如此，在 2016 年的男篮 U18 亚青赛上，此前三届亚青赛不败夺冠的中国国青队大意失荆州，在四分之一决赛中负于伊拉克队，最终只获得赛事第五名，无缘世青赛。对于很多篮球迷来说，甚至都没有听过伊拉克男篮这个名字，然而这个不被关注的对手竟战胜了亚洲篮球霸主中国队。对于足球迷来说，伊拉克男足则并不陌生，尽管饱经战乱，伊拉克人民对足球的热爱一刻也没有停歇，伊拉克男足曾力克沙特夺得 2007 年男足亚洲杯冠军。在世界杯亚洲区预选赛上，伊拉克男足一直是中国队的苦主，多次挡住了中国男足晋级的脚步。尽管伊拉克并没有深厚的篮球土壤,没有正规的职业联赛,可谓零职业化,但是当他们把足球的技艺运用到篮球中时,立马显现了不俗的战斗力。

与亚洲其他有较强实力的篮球队一般都有鲜明的足球式篮球印记不同,菲律宾队、中国台北队更多的是受美式篮球的影响。菲律宾和中国台湾地区足球方面都是实力平平,其中菲律宾男足更是主要靠归化球员,而中国台北男足队也很少出现在亚洲区域男足比赛的决赛阶段。菲律宾男篮和中国台北男篮的风格更加接近美式篮球,球员大多具有较强的个人能力,依赖外线投篮,菲律宾队犀利的突破令人印象深刻。由于都具有良好的篮球群众基础,其中篮球是菲律宾"国球",而在中国台湾,篮球则是最受欢迎的运动项目之一,菲律宾男篮、中国台北男篮都是各届比赛中不容忽视的力量。然而与中国男篮的困境相似,如果只是依靠身体天赋、个人进攻火力,而缺乏完整的战术体系、娴熟的配合能力,势必限制球队上限,难以在亚洲赛场乃至世界篮球舞台上有更大作为。

中国男篮也曾是足球式篮球的成功践行者。现在让中国篮球吃尽苦头的"全场紧逼"战术,其实正是发端于中国篮球。中国男篮前功勋主帅钱澄海最早在场上引入了"全场紧逼"的概念,并最早倡导了"追身分级"的概念。他所开创的"追着屁股打"的战术理念,也是现代"炮轰"和"全场紧逼"的战术雏形,被当时的国际篮协主席斯坦科维奇称为"世界上最聪明的战术"。当时中国队因为这种打法,还迫使国际篮协更改规则,即一次进攻在投篮前(不管进或不进)必须至少有两名球员触碰过。篮球场上的"全场紧逼"战术在足球比赛中很常见,在足球比赛中,双方为控制比赛节奏,争得球权,往往会进行前场紧逼、就地反抢、压迫式防守等战术。

中国篮球在20世纪也曾提出并成功实践了“小快灵”的技战术打法。“小快灵”打法,即利用黄种人快速灵活的特点,积极拼抢,快速跑动,组织灵活多变的战术,这也与当时的足球理念不谋而合。由此可见,中国男篮曾广泛运用足球运动的规律、经验、战术来丰富篮球打法,提高篮球运动开展水平,取得了很不错的效果,这也反映出中国教练喜欢钻研、打球聪明的优点。中国男篮曾是很有特点的球队,称霸亚洲自不必说,在与世界强队的交手中,也往往不落下风。20世纪,中国篮球能不断从足球运动中汲取有益的养分,从而形成鲜明的技战术风格,与当时较好的足球基础有很大关系。当时中国的基层足球普及程度要比现在好很多,校园足球开展得如火如荼,尤其是女足曾是亚洲乃至世界强队。进入21世纪,当更多青少年选择打篮球,而不是踢足球时,中国篮球水平却未见提升,反而呈现与足球一样的下行轨迹,我们应该对其进行反思。后文将列举一些中国篮球历史上有代表性的足球式篮球球员及球队。

## 第三节 “逍遥王”巩晓彬力助中国男篮称霸亚洲

曾经被称为“男篮第一帅”的巩晓彬,职业生涯颇具传奇色彩,出身于篮球世家的他,17 岁才开始接受专业的篮球训练,并从此一发不可收拾。作为山东男篮历史上最好的球员,巩晓彬不光在职业赛场上呼风唤雨,在国际赛场上也是久经沙场,屡立战功。在亚洲,巩晓彬率领中国队纵横四方,常年压制日韩,称霸亚洲;在国际赛场,他也能帮助中国队屡创佳绩,取得历史性突破。

巩晓彬长相英俊,又透出一股霸气,打球则潇洒飘逸,变化莫测,人称“逍遥王”。身高 2 米的他,弹跳好,策应能力强,技术全面,有极佳的身体天赋,被视为亚洲最好的二中锋。17 岁进入山东男篮青年队,20 岁便入选国家男篮,从此开始在亚洲赛场崭露头角,绽放光芒。在 1989 年、1991 年亚锦赛和 1990 年亚运会上,巩晓彬代表中国男篮参加比赛,巩晓彬很快就成为国家队主力大前锋,发挥了重要作用,帮助中国男篮实现三连冠,从而彻底终结了韩国队对亚洲篮球的统治。巩晓彬也通过参加这几次大赛,积累了比赛经验和自信。1992 年,巩晓彬第一次参加奥运会,跟随中国男篮出征巴塞罗那。他在与委内瑞拉的比赛中,砍下了全队最高的 18 分,随后一战,巩晓彬又拿下 16 分、3 个篮板、3 个助攻、8 个抢断的全能数据,其中 8 个抢断,追平了队友孙军刚刚创造的纪录。那届奥运会,巩晓彬场均贡献 8 分、1.6 个篮板、1.7 个助攻。

1994 年世界男篮锦标赛(现改为男篮世界杯),由巩晓彬、胡卫东、刘玉栋等黄金一代球员组成的中国队力克强敌，夺得第八名，实现历史性突破。1996 年奥运会，巩晓彬再度帮助中国男篮创造历史，首次打进奥运会八强。其中在击败阿根廷的关键一战中，巩晓彬贡献 8 分、4 个篮板、4 个助攻、2 个抢断，再次证明了自己的全能。在国家队，巩晓彬可谓是功勋卓著，荣誉满身。他力助中国男篮夺得亚锦赛六冠一亚，巩晓彬坦言亚锦赛是他最希望打好的比赛，他还曾 3 次帮助中国男篮夺得亚运会冠军，帮助中国男篮称霸亚洲。在球迷眼中，中国男篮历史上巅峰是在 1994 年世锦赛到 1996 年奥运会时期，巩晓彬正是中国男篮黄金一代的重要一员。

在 CBA 赛场上，巩晓彬也是骁勇异常，无人能及。在 CBA 职业化改革元年 1995 年，巩晓彬带领山东男篮杀进甲 A，并获得第五名的佳绩。1996—1997 赛季，巩晓彬场均得到 28. 2 分、9. 2 个篮板，当年的 MVP 获得者是江苏的胡卫东，篮协创造性地出台了“最佳技术奖”，授予人气颇旺的巩晓彬，这在 CBA 历史上是绝无仅有的。1997—1998 赛季，巩晓彬场均砍下 27. 5 分、9. 7 个篮板、1. 9 个助攻、1. 3 个抢断，带领山东队取得 14 胜 4 负，排名联赛第二，巩晓彬也荣膺当年的联赛 MVP。巩晓彬领军的山东男篮有实力与任何一支 CBA 球队抗衡，当时八一队是联赛绝对的霸主，但山东男篮却从来不惧怕这个 CBA 老大，多次击败八一队，但受困于阵容深度不够，山东队一直未能在季后赛走得更远。在个人能力上，巩晓彬绝对是国内球员中的翘楚。在他打的大前锋位置上，论名气、实力，他和“战神”刘玉栋都是数一数二的球员。虽然刘玉栋在得分能力上无人能敌，但公认的，巩晓彬在技术全面性和身体天赋上更胜一筹，在国家队刘玉栋也是巩晓彬的替补。坊间更是有“内战刘玉栋,外战巩晓彬”一说。

天赋异禀,在篮球场上叱咤风云的巩晓彬,早年并没有练习篮球。巩晓彬的父母都是篮球运动员,巩晓彬也遗传了优良的篮球基因,从小就比同龄人高很多,但他偏偏喜欢踢足球。巩晓彬起初跟随王可畏老师学习足球,尽管身材高大,但巩晓彬脚下技术却丝毫不差,而且大局观好,头脑聪明,处理球冷静,踢的是中卫位置。在山师大附小就读时,他的身高已经“鹤立鸡群”,三年级就代表学校参加市级的足球比赛。央视主持人徐济成第一次见到巩晓彬就是在足球场上,巩晓彬瘦高的身材让他很显眼。他两手撑开,支开两边防守球员,对方球员就怎么也抢不到球了。1982 年,巩晓彬被选进省足球三队,刚入队时身高已达 1.82 米,一年后长到 1.91 米,1984 年达 1.96 米。因他的身材过高,有人担心他是否适合搞足球专业。他的教练陈时仪、孙广聚通过几年的训练观察,认为巩晓彬是不多见的足球好苗子,潜力很大,只要刻苦训练,有望成为优秀的足球运动员。于是他们为巩晓彬制订了一整套的训练计划,巩晓彬也进步飞快,随着年龄增长,身体素质大幅提升,一百米跑已达十二秒,十二分钟跑超过三千米,这样的素质在“巨人”队伍中是少见的。15 岁时,巩晓彬入选了国家少年足球集训队,可见巩晓彬在足球方面的造诣已是同龄人中的顶尖水平。以巩晓彬突出的悟性和得天独厚的身体条件,进入国青、国奥和国足挑起大梁,是顺理成章的事。可能是因为带着篮球的基因,到了 16 岁,巩晓彬就非常想打篮球,经过一番波折,进入了篮球队,中国篮球的一位旷世奇才就此开始了自己的中国篮球巨星之路。

从足球项目半路改行打篮球的巩晓彬,在一年之内实现了从青年队到国青队的"三级跳"。巩晓彬进入山东省男篮青年队不到半年,便进入了一队,开始打职业联赛,并且当年就凭借出色表现入选了国家青年队。巩晓彬尽管从事篮球运动较晚,但天赋出众,训练刻苦,悟性高,加上他有一股不服输的劲头,面对队内的老大哥,他也不惧硬碰硬的对抗,篮球技术飞速进步。1989 年,年近 20 岁的巩晓彬入选了国家队,要知道巩晓彬此时转练篮球不过 3 年,巩晓彬除天赋极高、机遇很好外,只能用一位前国足前锋所说的"巩晓彬踢足球对于他改打篮球帮助特别大"来解释了。巩晓彬打球的动作既实用又潇洒,基本功扎实,得到业内和球迷的一致认可。后来巩晓彬自感在亚洲已经没有敌手,而且不训练打球照样有状态,一场比赛拿下二十多分不在话下,对待训练变得不那么积极了。国家队期间,巩晓彬也因为训练态度及顶风谈恋爱等原因,加上性格桀骜不驯,与当时向来主张铁腕治军的国家队主教练蒋兴权发生了冲突风波,巩晓彬也因此缺席了 2000 年奥运会。不过,老帅蒋兴权也承认,"实事求是地讲,巩晓彬确实很有天赋,他是那批同年龄队员里进步最快的"。可见良好的足球运动基础为巩晓彬打了很好的身体底子,而足球各种技战术的灵活运用,也让他应付篮球比赛驾轻就熟,很快在篮球场上找到比赛节奏。

巩晓彬全面而扎实的技术与其良好的足球基础有很大关系。由于长期参加足球训练打下的身体和技术基础,让巩晓彬成为国内球员中不多见的身体素质和技术能力俱佳的球员,其综合能力在亚洲范围也无出其右。巩晓彬踢球带来的良好身体素质、协调性、球感让他动作规范舒展迅捷,比如投篮动作比那些练了很多年篮球的球员还要标准,巩晓彬也有着左右手均衡的持球和投篮能力。习练足球带来的良好技术基本功,也让他无须太多训练即可无师自通,摸索掌握各种篮球技巧。巩晓彬作为亚洲最好的二中锋,其篮下脚步堪称华丽,闪转腾挪,变化莫测,经过了各种大赛考验,这与他踢球所练就的娴熟的脚下功夫分不开。"我当时的一些技术动作,有一些是教练教的,也有一些是自己琢磨的。打内线的话,硬打是不行的,需要有各种脚步动作做支撑,这跟我小时候踢足球有一定的关系。"巩晓彬独创的很多篮下技术,对于王治郅、姚明这些后起之秀也产生了很大影响。除超强的个人得分终结能力外,巩晓彬也有很强的组织策应能力,他有一种绝技,当他摘下篮板,往往不是先交给后卫,而是第一时间看快下的队友,此时他会一个长传,篮球就如同制导一样,准确落入快下的队友手中,轻松完成得分。这也很容易让人想到足球比赛中,后卫在得球后,往往会果断大脚长传发动反击,制造很大的进攻威胁,可见巩晓彬不过是将足球比赛的常规打法运用于篮球比赛而已。

巩晓彬不仅技术全面,打球风格潇洒华丽,而且是一位非常"霸气"的球员。"晓彬是那种一上场就让人们知道他是核心的那种队员。"山东队"三驾马车"之一的纪敏尚这样说,"他就是在国家队不打主力的时候,一换上去,也比其他主力更像主力,他是个天生的领军人物。"王非曾是巩晓彬在国家队时的室友,他对巩晓彬的评价可谓入木三分:"对抗性的竞技项目,成功的一个重要因素就是不服输、不怕苦难。巩晓彬就是这种队员,他敢于跟竞争对手拼高低，只有具有了这种精神才能打败对手。”巩晓彬的霸气从何而来，除本身的性格外，他的足球教练陈士仪道出了其中缘由：“晓彬的霸气，是那三年的足球省队培训时培养出来的，我的指导思想是，只要上场，就要有‘老子天下第一’的气势。带一队是这样，带三队和女足也是这样。”霸气需要建立在硬实力的基础上，同时有霸气也能促进实力的发挥。“晓彬有霸气，关键是实力突出，心理素质又是一流的。实力越强越有霸气，越有霸气，实力提高得也越快，就越敢发挥。晓彬是个典型的例子。”陈士仪继续说道。

巩晓彬打球有霸气，敢打敢拼，好胜心强，是他在国内外赛场上取得骄人成绩的重要原因。在CBA赛场，巩晓彬所在的山东队多年在既无内援又无外援的情况下，奋勇争先，多次击败老霸主八一队，拥有巩晓彬的山东队也一直是CBA冠军的有力竞争者之一。在国际赛场，巩晓彬的霸气在1998年亚运会对阵韩国队的时候体现得淋漓尽致，在一次防守中，巩晓彬被韩国队主力得分手金玄烨打开了眉骨，一时鲜血直流。韩国队员的小动作激怒了巩晓彬，他在包扎完毕之后回到球场就用强硬的单打回击了对手，无可阻挡，而他在快攻中隔扣韩国队员之后，韩国队的心理彻底崩了。以往中国男篮战胜韩国男篮多是在技术层面，而这次则是在气势上压倒了对手，而“逍遥王”血洒赛场冷酷一笑的一幕也成了经典。从此，巩晓彬也成了男篮的抗韩利器，巩晓彬一上场，韩国队的教练就得站起来，日本队也一样，他们几次都是输在巩晓彬身上。

巩晓彬在总结多年征战篮球赛场的体会时说：“临场超水平发挥是取胜的关键。”这句话听起来很耐人寻味，因为对于中国球员来说，在大赛中能正常发挥出水平，就已经难能可贵了，又何谈超水平发挥呢？事实上，中国球员在国际比赛中发挥的水准往往远低于在国内联赛或训练中的水准。然而这句话放在巩晓彬身上却非常合适，这反映了巩晓彬打球时的创造力。超水平发挥大体可总结为两点：一是在篮球比赛中灵机一动，将足球比赛的各种技战术、处理球方式运用于比赛中，这往往能收到奇效；二是现学现用，中国男篮的对手中，比如韩国队及世界大赛中的很多对手都是主打足球式篮球，同样是习练足球出身的巩晓彬对于对手的打法定然会有似曾相识的感觉，能很快领悟其中的奥秘套路，于是以其人之道还治其人之身，这也往往能打对手个措手不及。巩晓彬性格上敢打敢拼、不畏强敌、不服输的品质也有助于超水平发挥自身能力，越战越勇，从而帮助球队拿下比赛。

巩晓彬的成长经历为中国篮球运动员的培养模式提供了很好的样板。即现阶段，中国篮球运动员并不适宜过早接触篮球训练或比赛，即便有很优越的天赋条件，比如父母是篮球运动员。中国篮球运动员从小应该接受足球训练，充分打磨各种足球技术、对技战术的合理运用等，并且提升各种运动机能，比如柔韧性、协调性、速度、爆发力、耐力、意志品质等。等到一定年龄，比如十五六岁，身体发育已基本完成，身体灵活性、技术运用能力已经适应了这个年龄的身高和体重之后，再去改打篮球。

中国在以往的篮球人才选拔中，会优先选择那些个子高的球员，他们由于天赋优势太大，在球场上基本不用做太多工作，站在篮下伸手抢下篮板，或者等队友送出传球轻松打进即可，他们不需要高超的运球技巧,娴熟的脚下动作,快速冲刺、急转急停的运动能力。也就是说,这些大个子球员可能是球场上技能被锻炼得最少的,比如组织传球、防守、机会把握能力、临场反应能力等,以及在得分以外帮助球队赢球的能力,都没有得到很好的开发。但最后能进入职业联赛、参加国际大赛的往往就是这些大个子球员,这也导致中国球员在国际赛场上往往技术、身体素质劣势明显。当他们来到一个高水平的联赛,面对的都是天赋同样优秀、个人能力都很突出的球员,他们需要作为普通球员参与竞争,这时候他们其他方面的能力缺陷就体现出来了。然而足球比赛却不一样,大个子球员也要满场飞奔,就以巩晓彬所打的后卫位置为例,需要极快的转身速度和回追速度,良好的头球争顶能力(需要良好预判、弹跳力、腰腹力量等),还要有较强的身体对抗能力,同时处理球要果断合理,基本功扎实,心理素质过硬,这些能力品质都在他后来的篮球生涯中有很好的体现。

## 第四节　刘炜——2002 年后十年中国最好的后卫

刘炜是中国篮球为人所熟知的明星，他是 CBA 联赛冠军的获得者。从 2002 年开始，刘炜就作为中国男篮的主力控卫征战亚洲及世界赛场。无论在联赛，还是在国家队，刘炜都帮助球队取得了辉煌的成绩。同时，由于后卫位置的重要性和敏感性，他也饱受非议和指责。

刘炜从 1997 年就与队友姚明一起征战职业联赛，同年刘炜还入选国青队，帮助中国队夺得亚青赛冠军，并凭借出色表现，荣膺赛事最佳后卫称号。在刘炜刚踏入 CBA 联赛的时候，八一队是中国职业篮球绝对的霸主，曾多次夺得 CBA 联赛冠军。队中的刘玉栋、李楠、张劲松等都是中国篮坛响当当的名字。八一队不仅球星云集，还秉持着军人的血性和韧劲，是中国职业赛场的王朝之师。刘炜和姚明率领崛起的上海队向八一队发起了挑战，从 2000 年到 2002 年，上海队与八一队连续三年在 CBA 总决赛相遇。在前两次对决中，经验老到、整体实力更胜一筹的八一队笑到了最后，而第三次碰面，已经愈发成熟的刘炜和姚明组合没有让机会溜走，他们在首场比赛失利的情况下，连赢三场，最终以 3∶1 的总比分力克八一队夺得 CBA 总冠军。刘炜也在和八一队核心后卫范斌的对弈中学到了很多。

与众多国家队队友不同，单核带队的上海男篮多年来一直在为季后赛资格打拼。2002—2003 赛季，姚明作为状元秀远赴美国征战 NBA,刘炜独自扛起了上海队的进攻大旗。他场均拿下 23.9 分、6.7 个篮板、5.3 个助攻、2.5 个抢断,均为生涯新高,不过上海队常规赛仅以 11 胜 15 负排名第 10,无缘季后赛。此后,虽然刘炜领衔的后卫线实力出众,但姚明走后内线实力损失太大,上海队一直在季后赛边缘徘徊。2009—2010 赛季,邓华德执教上海男篮,刘炜与卢卡斯三世组成的后场双枪展示出巨大威力,上海队打进了季后赛第二轮,在半决赛中输给了有四大国手的广东队。时年 30 岁的他场均可以拿下 21.3 分、5.1 个篮板和 4.9 个助攻,刘炜仍然在不断提升自己的表现。2014 年,刘炜离开了效力 17 年的上海队,加盟了正在广罗人才、志在冲击首个 CBA 冠军的新疆队。虽然未能帮助球队夺得 CBA 冠军,但刘炜的表现还是得到了新疆球迷的认可,每次他回到新疆比赛,都会受到主场球迷的热烈欢迎。此后,刘炜又加盟了四川队,刘炜在三十六七岁的年龄,仍然展现了很好的竞技状态,作为球队首发控卫,经常打满全场,他的职业精神也让队中的年轻球员钦佩不已。2018 年,辗转于新疆队、四川队四个赛季后,刘炜回到了家乡球队上海队。

刘炜真正展现出自身篮球才华,并为人们熟知,还是他效力于国家队时期的表现,刘炜是中国篮坛为数不多的有世界级水准的后卫球员。2002 年的釜山亚运会,年仅 22 岁的刘炜便成了中国男篮的主力控卫。决赛中,中国男篮最后时刻遭遇韩国队的翻盘,屈居亚军,刘炜作为球队主力后卫也背负了不少指责。此后,2003 年和 2005 年亚锦赛,刘炜均作为中国队主力控卫出战,与姚明等队友一起,夺得亚锦赛冠军。刘炜帮助中国队捍卫了亚洲霸主地位,在竞争激烈的世界大赛上,刘炜同样证明了自身的能力和价值。

从 2002 年世锦赛开始,刘炜代表中国队参加了三届奥运会和两届世锦赛,其中从 2004 年雅典奥运会到 2010 年世锦赛的四届大赛均帮助中国队打进淘汰赛阶段。在 2008 年北京奥运会,刘炜场均得到 8.5 分、1.6 个助攻,小组赛第二场中国队经过加时苦战以 75∶85 惜败于世界冠军西班牙队,刘炜在这场比赛中砍下全队最高的 19 分,令与之对位的西班牙名将纳瓦罗和卡尔德隆黯然失色。可以说,当刘炜以首发控球后卫出场时,中国男篮可以在比赛中与世界强队有势均力敌的表现,而当刘炜等主力球员下场,换上替补球员后,场上形势立马倒向对手一方。中国男篮表现上的这种巨大反差,与其说是替补与主力球员的实力差距大,不如说是没有其他能匹配刘炜能力和作用的后卫球员。从 2012 年之后,由于伤病等原因,刘炜逐渐淡出国家队,中国男篮的表现也出现下滑,中国男篮需要继续寻找发掘刘炜的接班人选。

由于控卫位置的敏感性,刘炜作为中国男篮主力控卫的这些年一直饱受争议,甚至遭到质疑。很多球迷忽视了中国队整体实力不济的现实,片面地将输球原因归咎于个别球员的发挥上,但人们似乎也找不到第二位能取代刘炜位置的球员。从数据上,也能证明刘炜是中国男篮建队以来最好的控卫,刘炜在中国男篮的得分榜上进入前十,在总出场时间、出场数、助攻数及场均效率等数据上则独占鳌头。刘炜的国家队出勤率很高,在控卫位置上,刘炜是主教练最可信赖的人选,在出色完成球队组织重任的同时,还担当球队重要得分手的角色。在中国队的对手眼中,刘炜同样是中国男篮最佳后卫的不二人选。2013 年亚运会前,伊朗主控卡姆拉尼向中国记者追问为什么刘炜没来,显然在他眼中刘炜是中国最好的后卫，仍然有实力为国家队效力。同年，参加中澳男篮对抗赛的吉布森也在询问刘炜的状况，三场比赛刘炜均未登场，作为澳大利亚主力控卫，他曾与刘炜交手10次，他认为从总体水平上说，刘炜还是中国控球后卫第一人。刘炜的能力与水平也得到了国际篮坛的认可。2004年，刘炜曾试训NBA国王队，随队参加了NBA中国赛，但因为经验欠缺、身体天赋上没有优势，且当时国王队后卫线人才较多，而未能进入NBA。次年，刘炜受邀参加了澳大利亚NBL全明星赛，在有限的出场时间里得到8分、3个篮板，表现颇受好评，之后刘炜还与NBL珀斯野猫队签了合同，但因为有关方面没有协调好，未能成行。

刘炜并不是一位靠身体天赋打球的球员。刘炜的身高、速度、弹跳等并不是最突出的，但是他依靠自己的技术、大局观和对篮球运动的理解，让他在场上显得与众不同，成为中国后卫中的佼佼者。当刘炜在场上持球时，会第一时间通过手势或跑位，示意队友发起战术组织，让队友都调动起来，而不是看控卫一个人表演。当队友处在有利的进攻位置时，他会第一时间将球交到队友手上，不会过多粘球占据球权，而是通过积极的跑位，不断制造进攻威胁。刘炜在场上组织战术变化莫测，不会因为只打几个固定套路而容易被识破。进攻组织是刘炜的第一选择，同时当出现机会，或者队友进攻位置不佳时，他也会毫不犹豫出手进攻。他的进攻选择常常令对手猝不及防，同时，一些关键时候的贸然进攻不中，也让他遭受不少非议。刘炜的进攻手段非常多样，他突破犀利，二分也很精准，他也会选择急停跳投、抛投这些快节奏的出手，保持对对手的进攻压力。技术特点上，刘炜更像一个双能卫，他不仅要在进攻组织上串联全队，还经常被赋予得分后卫的重任，刘炜一直是国家队稳定的外线得分点，国家队场均三分命中率达到35%。2018年，刘炜成为继朱芳雨、易建联之后第三位得分破万的中国球员，同时也是第一位做到这一点的后卫球员，足见刘炜得分能力之出色。此外，刘炜的身体对抗能力也非常出色，在与世界顶级后卫的对抗中也不落下风。刘炜何以具备如此多优秀控卫的品质，并成为中国难得一见的世界级后卫球员呢，这与他的成长经历不无关系。

刘炜4岁时就接触了篮球，并很快喜欢上篮球，但他的运动生涯却是从足球开始的。刘炜说他从小是被逼着练习足球的，因为他那个时候太胖了，教练认为他踢足球比打篮球更有前途。有一次跟别人比赛时，对方球员对刘炜说"我还从来没有见过腰有你这么粗的小学生"，从小粗壮的身材底子也为他日后拥有良好的身体对抗能力打下了基础。后来，篮球队缺少一个大个子打中锋，那时候篮球队里的球员都喜欢打后卫，他身材较高、体型较大、力量也足，就被调回到了篮球队开始打中锋。后来，刘炜被选到了上海青年队，那时刘炜只有14岁，他不得不咬着牙和一帮比他大两三岁的孩子竞争，于是疯狂训练，这也为他的篮球生涯打下良好的基本功。刘炜的恩师李秋平后来回忆，他眼看着刘炜一天天快速提升，感觉到这是个悟性很高的孩子。刘炜后来在接受采访时曾谈到自己作为足球小将时的经历，坦言自己当时足球踢得很不错，如果不打篮球，他也许会成为一名很好的足球运动员。刘炜成为职业篮球运动员后，虽很少接触足球，但在技战术意识养成和身体生长发育关键时期习练了足球，还是对他的篮球事业产生了深远的影响。刘炜打篮球时的学习能力，以及在场上很强的控制比赛节奏的能力、进攻上的组织调度能力、良好的大局观等都能看出一位典型足球式篮球控卫的特点。

刘炜有很强的防守能力，让他无惧与欧美顶级控卫进行激烈的身体对抗。刘炜有亚洲一号位球员有史以来最好的身体对抗能力，尤纳斯说刘炜的能力去欧洲一流俱乐部打控卫一点问题也没有，原因就在于刘炜的防守。刘炜在防守端的作用很难用数据显现，雅典奥运会与西班牙队赛后，无论是卡尔德隆还是纳瓦罗，都对刘炜的防守赞不绝口。土耳其世锦赛上，刘炜曾防得立陶宛的后卫过不了半场。基本上，在2010年之前的几届世界大赛上，除姚明外，中国防守最好的就是刘炜了。刘炜不仅身体对抗能力出色，而且还很灵活，速度非常快，这就让他可以通过良好的脚步移动限制对手，让他防守时很难被对手摆脱。刘炜强悍的个人防守能力，得益于他从小就很强壮的身体条件及后天的针对性力量训练，同时也与他早年踢足球的经历有很大关系。踢足球让刘炜有强大的腿部力量，所谓的"下盘"，在强硬的身体对抗中，仍能保持稳定的技战术发挥。在足球场上速度是球员最重要的能力之一，参加足球训练比赛也让刘炜虽然粗壮，但不失灵活，有很快的移动速度。而且，足球运动给刘炜带来良好的防守意识，他的防守预判和取位也很出色。

刘炜是典型的团队型篮球运动员，组织和串联能力出众。刘炜比赛气质很好，颇有"大将风范"，当他带球到前场，会招呼队友积极组织战术配合，刘炜很早就展现出了这一点，刚从上海青年队调入一队时，他就敢于去指挥那些比他大很多的孩子。刘炜控制比赛节奏的能力也很强，在国家队，他作为主力控卫先发出场时，即便面对世界顶级强队,场面上也能势均力敌,有来有往,打出不错的进攻套路。2006 年日本世锦赛,刘炜带伤上阵,场均得到 8.1 分、4.5 个助攻、3.8 个篮板,在小组赛最后一场与斯洛文尼亚的比赛中,刘炜虽然只拿下 9 分,但送出 9 次助攻盘活全队进攻,当王仕鹏惊天绝杀斯洛文尼亚时,也不要忘了默默奉献的刘炜。当场上出现步调不统一、配合不默契的情况时,身为球队队长的刘炜会招呼场上球员聚在一起,开个小会,统一下意见,这种做法无疑会让大家更好地团结协作,更专注地完成技战术的部署执行。我们通常在一些打足球式篮球的联赛中看到过这种场景,显然刘炜的篮球理念与他们有某种契合,这种契合就来源于足球。刘炜会给所在的球队带去团队篮球的理念,让队友更多地寻求战术配合,让更多的人参与进攻,而不是过多地单打独斗,进而提升全队团队篮球的意识和素养,这对球队的凝聚力、竞争力的提高都有很大帮助。比如,新疆男篮这些年一直在追求 CBA 联赛的首个冠军,他们也曾数次非常接近这个目标,但都功亏一篑,说明球队在关键时候还欠缺火候。2014 年,刘炜加盟新疆男篮,期间虽未直接帮助球队夺冠,但是他为新疆男篮注入了团队篮球的意识理念,球队打得更加整体,凝聚力和韧性得到增强。新疆男篮这些年斥巨资引进优秀内外援,一方面我们看到球队进攻火力的增强,同时在关键场次、关键时刻能顶得住对手反扑,面对压力仍能打出流畅的配合,拿下一些硬仗并赢得总冠军,不得不说其中刘炜也做出了不可磨灭的贡献。

刘炜在国家队的出勤率高居中国球员第一位。从 2002 年开始,三届世锦赛、三届奥运会、三届亚运会及四届亚锦赛,刘炜是那届国家队十年来唯一一个“全勤”队员。2018 年,年近 38 岁“高龄”仍活跃在中国顶级职业篮球联赛,并成为 CBA 第三位“万分先生”,说明刘炜的身体依然健康强壮。同时也反映出刘炜并不是一个靠身体打球的球员,随着年龄的增长,刘炜的技术、篮球意识、经验愈发老练纯熟,弥补了身体机能下滑的影响。2015—2016 赛季结束后,有记者就采访刘炜一个赛季下来感觉累不累,刘炜说不累,除了和山西队的三个加时,以及和北京队为争夺季后赛席位的 48 分钟鏖战让他略感疲劳外,其他场次都不感觉累,要知道刘炜在常规赛很多时候都作为四川队首发控卫几乎打满全场。刘炜在采访中也多次表示,如果时间可以倒流,他希望能回到从前,重新体验与篮球结伴而行的过程,可见篮球赛场长年累月的训练和比赛并没有让刘炜感到身心疲惫,他很享受打篮球的乐趣。刘炜能避免影响职业生涯的严重伤病,并且有充沛体能,除了他刻苦训练和严格自律的职业精神外,也得益于足球训练和比赛。足球运动增强了他的柔韧性、协调性,让关节更加强壮有力,这也让他避免很多伤害,同时足球运动也让他拥有良好的体能。

刘炜作为中国最好的后卫之一,身经百战,经历过各种大赛的历练,其技术、经验、职业精神等很多方面都值得中国年轻的控卫球员学习。然而,中国的后卫球员要真正能接过前辈控卫的衣钵,甚至成为如刘炜所说的在能力水平上超越他的后卫,或许也要像刘炜一样,早年先参与足球训练和比赛,打下良好的身体和技战术意识的功底,再去投入篮球的训练和比赛中,这样他们也许会进步得更快,并在国际赛场上也能展现出强大的竞争力。

## 第五节　姚明的成功带来的启示

姚明是在全世界都拥有很高知名度和影响力的超级巨星，他是中国篮球的旗帜和代表性球员，也拥有“小巨人”“移动的中国长城”等称号。姚明在 NBA 取得了很高的成就，他的技术、拼搏精神、人格魅力等都受到了广泛的赞誉和认可。姚明的成功，并非只是一个偶然的个例，其中的必然因素对于中国篮球未来培养出更多 NBA 级别的球员有很大的启示意义。

姚明是中国篮球历史上最成功的球员，也是同时代最伟大的中锋球员之一。2002 年姚明以状元秀身份被 NBA 休斯敦火箭队选中，成为 NBA 第三位外籍状元。姚明很快就展现出自己的巨星潜质，在新秀赛季能拿下 13.5 分、8.2 个篮板、1.8 个盖帽，成为队内核心。在之后的几年中，姚明迅速成长为联盟最优秀的中锋球员之一，在与“大鲨鱼”奥尼尔的多次直接对话中也不落下风。在 9 年的 NBA 生涯中，姚明共带领火箭队 5 次打进季后赛，最好成绩是 2008—2009 赛季闯入季后赛第二轮。姚明凭借出色的表现，多次入选 NBA 最佳阵容二、三阵，连续 8 次入选 NBA 全明星阵容。其实，在进入 NBA 之前，姚明已经在国际赛场证明了自己。2002 年世锦赛，姚明在参加的 8 场比赛中场均得到 21 分、9.2 个篮板、2.2 个盖帽，投篮命中率高达 75.3%，获评世锦赛最佳中锋。2006 年世锦赛姚明以场均 25.3 分当选世锦赛得分王。姚明在中国男篮近几届大赛的几场来之不易的胜利中，都发挥了至关重要的绝对核心作用，堪称中国男篮的“核武器”，帮助中国男篮从 2004 年奥运会连续三届大赛均打进淘汰赛阶段。

在姚明的成长过程中，有一位球员不得不提，就是他的好搭档——刘炜。姚明与刘炜俩人在 1994 年共同进入上海市青年队，又在 1997 年共同进入职业队，两人朝夕相处，建立了深厚的友谊。拥有姚明、刘炜这对内外线黄金组合，也让上海男篮实力大增，从 2000 年到 2002 年，姚明和刘炜所在的上海队连续三年打进 CBA 总决赛。前两次总决赛，面对兵多将广、实力出众的联赛霸主八一队，上海队均以失利告终，不过姚明、刘炜两位年轻球员都在职业联赛和总决赛的锻炼洗礼中迅速成长。前两次总决赛姚明分别能拿到 21.7 分、18.3 个篮板、5 个盖帽、2 个抢断、1.7 个助攻和 24.5 分、17.5 个篮板、5.2 个盖帽、1.8 个抢断，作为一名年轻中锋数据已非常优异，但尚不及八一队两位正值当打之年的主力内线刘玉栋、王治郅的表现。而到了 2001—2002 赛季第三次与八一队在总决赛交手时，姚明场均数据已暴涨到 41.2 分、21 个篮板、3 个助攻、2.5 个抢断、3.2 个盖帽，其中总决赛首战，姚明更是打满全场，21 投 21 中，罚球 12 中 7，狂砍 49 分、17 个篮板、6 个盖帽、3 个抢断、2 个助攻的统治级数据，犹如天神下凡，与刘炜联手帮助上海队以 3∶1 力克八一队问鼎 CBA 总冠军。姚明因在 CBA 联赛及总决赛上耀眼的表现，加之他身高 2.26 米的惊人天赋，让他成为亚洲乃至世界篮坛冉冉升起的一颗新星，CBA 总决赛期间有大群的 NBA 球探在看台上观看他的比赛。2002 年，时年 22 岁的姚明毫无悬念地成为 NBA 状元秀，进入休斯敦火箭队，从此开启了 NBA 篮球巨星之旅。

初到 NBA 的姚明并不被所有人看好，因为他过于单薄，被质疑无法适应 NBA 高强度的身体对抗。在姚明进入 NBA 的前几场比赛中，表现平平，在与尼克斯队的比赛中被马布里晃倒的尴尬场面也被很多球迷调侃。但姚明很快做出了调整，在与湖人队的一场比赛中他九投九中，罚球两罚两中，拿下 20 分、6 个篮板，让巴克利只得信守在媒体前的承诺，亲吻了驴屁股。姚明很快在 NBA 站稳了脚跟，在新秀赛季他场均能拿到 13.5 分、8.2 个篮板和 1.8 个盖帽，仅次于当年的最佳新秀斯塔德迈尔。令美国媒体惊讶的是姚明并没有遭遇“新秀墙”，很显然姚明丰富的武器库加上连续三年 CBA 总决赛的经历，让他可以从容应对各种局面和不同风格对手的挑战。

新秀赛季以后，姚明为适应 NBA 的对抗，增加了身体力量的训练，这种做法成果显著。姚明比刚进 NBA 时强壮了很多，他在篮下更加有统治力。他可以在经过激烈身体对抗后隔人暴扣，加之他本已全面而细腻的技术，让他成为很难被防守的球员。到 2006—2007 赛季，姚明场均可以拿下 25.0 分、9.4 个篮板、2.0 个助攻、2.0 个盖帽的数据，他也成为 NBA 每支球队都非常忌惮的内线巨无霸，赢得了“小巨人”“移动的中国长城”等称号。很多 NBA 名宿对于姚明的表现也是赞不绝口，他们说很难相信一名球员能将身高天赋与细腻技术结合得那么好，姚明也凭借出色的表现和在中国以及华人圈无与伦比的人气，连续八年入选 NBA 全明星赛。同时，在国际赛场，姚明也展示了世界篮球巨星的实力，2004 年、2008 年两届奥运会都帮助中国队打进了世界前八，2006 年世锦赛也进入了淘汰赛阶段。

为什么姚明能取得如此巨大的成功？姚明并不是唯一进入NBA的中国球员，巴特尔、王治郅等球员也曾做到这一点，但显然姚明的成就要远胜于其他几名中国球员。姚明的技术、实力、表现也得到了整个NBA联盟乃至世界球迷的认可和喜爱，他是中国最具影响力的体育明星之一。有人说姚明的成功来源于他绝无仅有的出色天赋，即他2.26米的傲人身高，但中国高个子的不在少数，NBA中更是如此。此外，高挑的身材也限制了姚明的灵活性和移动速度，姚明的弹跳能力也很一般。也有人说，姚明的成功来源于他的高智商和高情商，不可否认，姚明拥有很高的智商、良好的进取心、勤奋刻苦的职业态度等优秀品质，但球员表现主要取决于其硬实力。姚明的硬实力主要体现在以下三点：

一是良好的动作速率及灵活的篮下脚步。姚明不仅身材天赋出众，而且非常灵活，动作速率快，处理球合理，能发挥球队进攻支点的作用。姚明的身体素质、力量并不算特别出众，但是他凭借良好的篮下脚步技术，总能在内线闯开一片天地，在攻防两端压倒对手，人们很难想象2.26米的大个子能做出如此华丽的脚步动作。他灵活的篮下脚步让对手很难预判下一步的动作，让自己多样的进攻手段得以有从容的发挥空间。

二是姚明细腻且全面的技术。姚明的NBA职业生涯罚球命中率高达83%，这在中锋球员中非常罕见，球队的技术罚球往往由他来执行。姚明也有很棒的中投命中率，他的左右手都能命中投篮，在篮下进攻手段非常多样，他可以勾手，可以靠脚步和节奏背打，可以翻身跳投，让对手防不胜防。姚明细腻而全面的技术并非生来如此，而是依靠后天刻苦的训练、积极进取的自我要求得来的。

三是姚明无与伦比的团队属性。这里的团队属性分为场上和场下。在场上,姚明是一名团队型球员,姚明有很强的组织策应能力,他的脑后传球堪称一绝,他很擅于和队友进行各种战术配合,比如当他在内线拿球吸引包夹后,会及时将球分给外线的队友,给队友创造轻松得分的机会。因为有良好的大局观和支配球的能力,姚明能更好地融入各种战术体系中,队友也乐于将球交到他手上。姚明也是那种可以让队友变得更好的球员,他让球员打得更加整体,让每个球员更充分地发挥作用。在场下,姚明是一位非常受大家欢迎的球员,他幽默诙谐,情商很高,和队友打成一片,他的勤奋、职业精神、责任心、进取心让他赢得了大批粉丝。

姚明是中国人民的骄傲,人气自不必说,他同样赢得了美国乃至全世界球迷的喜爱和认可。姚明甚至成为中美文化交流的一个桥梁纽带,他对 NBA 在中国的推广宣传作用是空前的。尽管受伤病困扰,职业生涯较短,并在最巅峰的时候戛然而止,姚明的 NBA 职业战绩虽然不那么亮眼,但他在 NBA 中取得的成就和对中美文化的交流、篮球运动推广的贡献是非常巨大的。正因为在场上和场下树立的良好正面形象和对世界篮球运动的推动作用,姚明于 2016 年入选了 NBA 名人堂,他的老东家火箭队也为他退役了球衣,这些都是属于一名国际球员的莫大荣誉。

不难发现,姚明取得成功的三大素养品质与前文对于足球式中锋的讨论定义非常吻合,也难怪当姚明刚进入火箭队展示了灵活又华丽的篮下脚步时,球迷会惊呼:“姚明简直就是年轻版的奥拉朱旺。”姚明和奥拉朱旺确有诸多相似之处,就篮球生涯和成长经历来看,姚明和奥拉朱旺都有足球的基因,只不过奥拉朱旺是通过自幼习练足球直接获得的足球经验,而姚明的足球经验则是间接获得的。

姚明是通过谁间接获得足球经验的呢?那就是刘炜。姚明和刘炜一同进入上海市男篮青年队,一同进入CBA,一起夺得CBA冠军,在国家队也是并肩作战多年,刘炜是姚明口中"给他传球最舒服的那个人"。姚明与刘炜相识了很多年,情同手足,刘炜对于篮球的理解、技战术的运用自然也会影响到姚明。刚进青年队时,姚明已是一米九几的大高个,而刘炜不过一米七几,身材悬殊,但是一对一的话,姚明是打不过刘炜的,可见当时刘炜的技术远在姚明之上。在和刘炜的朝夕相处中,姚明学会了如何无球跑位,如何与刘炜等后卫球员进行内外线配合,如何运用各种篮下技术,如何在内线的攻防两端发挥更大作用,左右比赛。刘炜作为上海队的核心后卫,他的技战术风格影响到了全队,与八一队争冠的上海队打球很整体且合理,进攻节奏快,配合流畅,能创造很多轻松的得分机会,加上有姚明这一个强点,因此他们能力克"铁军"八一队,终结了对手六连冠。刘炜和姚明关系一直非常好,不过也吵过架,那是在1997—1998赛季,姚明、刘炜所在的上海队输掉了一场和江苏龙队的比赛后,因如何更好应对比赛意见不同而吵了起来,不过最后还是姚明主动邀请刘炜玩游戏,两人又和好如初。姚明也正是在与刘炜的一起打球、训练、游戏中学到了很多足球式篮球中有益的东西,这些关于篮球的经验技巧等也帮助姚明日后取得如此令人瞩目的成功。

姚明扎实的篮下脚步则是受另一位中国足球式篮球代表性球员——巩晓彬的影响。姚明的母亲对姚明说过,国内打球看两个人:单涛的肘子,巩晓彬的脚步。在姚明刚进国家队期间,巩晓彬一直是球队老大哥,带着姚明等年轻球员,姚明对此也非常感激。姚明在篮下的很多脚步也是通过和巩晓彬切磋磨炼出来的,不难发现,姚明的诸多篮下技术动作确实与“逍遥王”巩晓彬有诸多相似之处。中国另一位进入 NBA 并打出不错表现的球员王治郅,其篮下脚步也得益于巩晓彬。王治郅还是国家队新人的时候,为了帮王治郅尽快成长,当时的国家队主教练宫鲁鸣要求每天训练结束后,让巩晓彬和王治郅一对一单打。后来王治郅说:“跟巩晓彬一对一的过程中,我偷学了不少东西,特别是他的脚步动作,对我启发很大。”不论是在国家队还是在俱乐部,王治郅良好的篮下脚步让他能源源不断地为球队提供进攻火力,而且王治郅似乎也传承了巩晓彬的“抗韩”属性,在亚洲赛场上,对阵韩国队时,王治郅往往有上佳表现,帮助中国队晋级乃至夺冠。王治郅进入 NBA 之前,在 CBA 联赛中的表现甚至盖过姚明,而且王治郅的身体天赋、训练刻苦程度也不逊于姚明,但王治郅在 NBA 所取得的成就是无法与姚明相提并论的。或许王治郅所缺少的正是刘炜这样的一位可以朝夕相处的队友,无法在技术、训练、比赛风格及各种细节上学习领会到足球式篮球的精华之处。

作为 NBA 最成功的国际球员之一,姚明的成功也给其他未来希望进入 NBA 发展的中国球员带来一些启示。中国不乏具备优秀身体天赋和个人能力的球员,但仅凭这些硬指标的话,并不能在和很多美国本土球员的竞争中占据优势。而如果中国球员能在组织串联、无球跑位、机会把握能力、整体防守等方面给球队带来帮助,在场上有较高的正负值,有很高的篮球智商和打球合理性,那么他们也更有可能获得 NBA 球队的垂青，事实上这也是 NBA 中很多国际球员立足联盟的最大优势，而这些优良的能力品质可以通过直接或间接接受足球式篮球来获取。NBA 的各支球队中只有为数不多的领袖球员拥有大量支配球的空间，更多的球员是以角色球员出场，比如当今联盟流行的 3D 球员(是指以三分和防守为主要任务的球员)。而足球式篮球球员积极的防守，传球组织，在外线良好的把握机会能力，即三分球能力，让他们在有限的上场时间中，依然有上佳的表现，凭借精准的投射，给球队带来帮助，比如贝里内利、伊利亚索瓦都是这种类型的球员。

这里要提到一位有希望进入 NBA 的中国篮球新星——阿不都沙拉木。2018—2019 赛季他被评为 CBA 进步最快的球员，阿不都沙拉木不管是在 CBA 联赛还是在国家队均有上佳的表现，在大赛中屡屡扮演关键先生。作为一名年仅 23 岁的年轻球员，阿不都沙拉木能进步如此之快，跟他在 13 岁之前一直踢足球有很大关系。“足球带给我最为重要的东西是团队意识，足球是必须和队友密切协作才能取得胜利，这种配合意识早已融入我的血脉”，阿不都沙拉木如是说。在场上，阿不都沙拉木总能给人带来眼前一亮的感觉，他的动作速率、打球节奏明显高于一般国内球员，他的传球组织、无球跑位、稳定的三分投射、下快攻意识、防守脚步等都是在国内球员中不多见的。阿不都沙拉木的出色表现也引来 NBA 球探和媒体的关注目光，并被邀请参加 NBA 夏季联赛，阿不都沙拉木也被视为最有希望进入 NBA 的中国球员之一。阿不都沙拉木被称为中国的“字母哥”，除了跟希腊的“字母哥”扬尼斯·阿德托昆博一样名字都很长外，阿不都沙拉木与希腊“字母哥”早年经历也非常相似，一开始都不是打篮球出身，而是先踢足球。如果有更多的中国球员，能像姚明、阿不都沙拉木一样，在篮球生涯的早年直接或间接从足球运动得到一些有益的理念、意识、素养等，中国也将培养出更多真正高水平的篮球运动员，其中的佼佼者也将有实力登陆NBA，在世界篮球最高舞台展示中国球员的风采。

间接获得的足球式篮球经验虽然让姚明在技术、意识上获益匪浅，但在身体上却无法得到直接帮助。姚明在职业生涯后期伤病频发，一位状态正佳、满怀球迷殷切期待、正向更高荣誉迈进的联盟顶级中锋却一次次被伤病击倒，并最终提前结束了职业生涯。试想，如果姚明早年也能像刘炜一样习练足球，改善柔韧性、协调性，并让关节骨骼更加强壮有力，很可能就会避免过多的伤病，从而可以带领球队取得更大的成就。姚明在入选NBA名人堂的演讲中，谈到了他的宝贝女儿姚沁蕾已到入学的年龄，不过有一点苦恼的是姚沁蕾选择的体育项目是足球而非篮球。得益于父母强大的基因，6岁的姚沁蕾身高已达1.35米，显然是打篮球的好苗子，姚明为国效力多年，现又身居中国篮球要职，自然希望女承父业，练习篮球为国争光。但从本文的讨论中可见，为了她的篮球事业，姚明应该大力支持女儿踢足球才对，而不是过早地干预她去习练篮球。

## 第六节　论“阿巴斯效应”

“阿巴斯效应”又称“阿巴斯定律”，是CBA联赛中的一个特殊现象，即得阿巴斯者进季后赛。从2009—2010赛季阿巴斯进入CBA，他所加盟的CBA球队无一例外均打进季后赛，这一定律直到2016—2017赛季他进入第七支球队同曦队被打破。“阿巴斯效应”作为一个长期存在于CBA联赛的有趣现象，值得深入研究和总结，下面就讨论“阿巴斯效应”存在的深层次原因。

2009年天津亚锦赛，复赛第三场中国队与约旦队狭路相逢，过往战绩优势明显的中国队仅以89∶83险胜对手，以小组头名晋级八强。比赛过程中，约旦队给中国队制造了很多麻烦，除了规划球员怀特，队中的大前锋阿巴斯也表现不俗，里突外投，投篮7投5中，罚球5中3，砍下14分、5个助攻，展现了很强的实力。整届亚锦赛，阿巴斯场均可以贡献13.7分、7个篮板、1.44个抢断，是约旦队打进半决赛的最大功臣之一。当年，刚刚接手上海大鲨鱼队的姚明慧眼识珠，看中了阿巴斯身上的潜力，决定将其招入麾下，阿巴斯也就此开启神奇的CBA之旅。

阿巴斯的CBA之路并不平坦。在CBA，外援往往承担球队得分的重任，每当获得球权，球迷希望看到更多的是外援靠个人能力完成强势得分。然而，单打独斗并不是阿巴斯这名体系型球员所崇尚的，来自篮球氛围相对落后的西亚地区，也让阿巴斯并没有类似于美国外援那般很强的个人进攻能力。初入CBA赛场的阿巴斯一度表现低迷，首秀只得到1分、6个篮板，球迷、媒体的质疑声音也越来越大。在CBA,外援得分能力太弱,无法挑大梁,结局往往就是被弃用,但或许是对篮球的理解比较一致,姚老板仍然信任阿巴斯。阿巴斯逐渐适应了CBA的比赛风格和节奏,与队友的配合越来越默契,个人的进攻技巧也得到了挖掘,季后赛在与辽宁队的比赛中曾砍下18分、20个篮板。常规赛上海队也在开局表现不佳的情况下,下半程发力,最终获得联赛第四名,时隔三年再度打进季后赛。季后赛首轮淘汰了常规赛第五名辽宁队,在第二轮1∶3负于实力强大的卫冕冠军广东队止步半决赛。作为阿巴斯的CBA处子赛季,表现先抑后扬,赛季场均能得到11.6分、9.7个篮板和2个助攻的全面数据,为球队打进季后赛立下了汗马功劳。

阿巴斯的能力和表现也得到了CBA多支俱乐部的关注和认可。后来几个赛季,阿巴斯辗转北京首钢、福建SBS、天津荣刚队等球队均打进季后赛,上演神奇的“阿巴斯效应”。其巅峰时期是2012—2013赛季,加盟山东男篮,联手弗罗曼、前国王球员杰特,组成“三外援”球队,配以丁彦雨航、睢冉、李敬宇、陶汉林等一众青年才俊,以常规赛第二名的成绩进入季后赛。山东队在季后赛半决赛中淘汰了卫冕冠军北京队,决赛中0∶3负于易建联回归后的广东男篮,屈居亚军。这个赛季阿巴斯进一步提升了自己的表现,场均可以得到17.8分、11.4个篮板、2.4个助攻,在攻防两端都发挥了中流砥柱的作用。经过CBA职业比赛的历练,个人进攻能力得到打磨,也让他成为约旦国家队的重要火力点,在2010年世锦赛上刷到场均15.2分、8.4个篮板、0.8个盖帽,与澳大利亚队的比赛也能拿下20分、10个篮板的两双数据。

“阿巴斯效应”产生的根源。阿巴斯之所以能帮助前六支加盟的CBA球队打进季后赛,与其自身的天赋和技术特点是分不开的。

阿巴斯有很好的身体天赋，2.03 米的身高和出色的弹跳力让他可以在场上胜任多个位置。他能里能外，既可以参与内线防守，争抢篮板（他有“约旦板爷”之称，足见其抢篮板的实力），也可以在外线运球组织。在得分上，阿巴斯进攻手段非常多样，他可以在外线投篮、运球突破、下快攻或在篮下背打、无球空切及抢篮板二次进攻等。与大多数美国外援往往只注重个人得分一味单打独斗不同，阿巴斯打的是团队篮球，非常擅于策应组织，他很乐于和队友分享球权、跑战术。2017—2018 赛季，除了得分、篮板上的贡献，阿巴斯场均能送上 3.4 个助攻。也就是说阿巴斯无论在进攻，还是防守，抑或是篮板球、球队串联，都能给予球队全面的帮助，可以让球队竞争力提升一个等级。更重要的是阿巴斯可以让队友变得更好，他在场上会让队友更有进攻参与感，变得更加积极主动。当他进入一支球队，在短暂的磨合后，队友就会适应他的打法，形成良好的化学反应，这样越往后打，球队融合越来越默契，越来越有整体性，让他们可以后程发力，抢得季后赛门票。相反，CBA 很多球队的进攻几乎完全由外援主导，随着联赛推进，这些外援进攻技巧越来越纯熟，信心越来越强，球队对于外援的依赖也越来越大，国内球员变得越来越不会打球了。

CBA 联赛天赋出众、得分能力强的外援比比皆是，但他们都不曾上演阿巴斯所带来的神迹，原因就在于阿巴斯身上有很多美国外援所不具备的团队属性，而这则来源于足球。阿巴斯出生在巴勒斯坦，因躲避战乱，从小随父母移居约旦。约旦是一个足球国度，阿巴斯和其他孩子一样都有个足球梦，从小热爱踢足球，场上司职中后卫，因为长得太高，15 岁那年改打篮球。阿巴斯继承了母亲的篮球基因，球技进步飞快。阿巴斯 21 岁时追随哥哥参加约旦的篮球联赛，这时阿巴斯就不怎么踢球了，偶尔会看看西甲和世界杯。约旦篮球联赛是一个半职业联赛，一共八支球队，球员大多有其他职业，八支球队共享一个主场。论规模，约旦篮球联赛连中国的一个小城市地区联赛都不如，但这里却走出了阿巴斯、道格拉斯这样亚洲一流的球员。阿巴斯 23 岁进入国家队，随哥哥征战亚洲篮球赛场，取得了不俗的战绩。从 2009 年约旦男篮夺得亚锦赛季军，取得参加男篮世锦赛的资格，到 2011 年更是力挫中国男篮劲敌伊朗队，并在决赛中 1 分惜败中国男篮，屈居亚军。让我们见识到即便国内篮球基础薄弱，但只要球员有良好的足球基础和不错的天赋，再积累一定的职业联赛及国际大赛经验，就足以和亚洲顶级的球队“掰掰手腕”，当然也不能否认约旦规划球员的作用。

“阿巴斯效应”看似是偶然的现象，其实有必然的因素，阿巴斯不是亚洲外援成功的个案，相反，具有一定的普遍性。阿巴斯的国家队队友道格拉斯被称为亚洲第一后卫，曾效力于吉林队、天津队，颇受好评。来自黎巴嫩的前亚洲第一小前锋哈迪布，伊朗国家队的巴赫拉米、卡姆拉尼、卡兹米都是 CBA 赛场的老熟人，他们都是典型的足球式篮球运动员的代表。而伊朗中锋哈达迪则将亚洲外援的作用和地位推向了极致，2015—2016 赛季哈达迪联手之前同在青岛队的外援队友哈里斯、邓特蒙，帮助在上赛季中联赛排名倒数的四川队一举击败辽宁队，夺得 CBA 联赛冠军。哈达迪发挥了球队内线核心作用，在内线攻防两端给予对手辽宁队极大压力，他上场时间最长，总决赛场均贡献 21 分、19 个篮板，荣膺总决赛最有价值球员。哈达迪的厉害之处不仅在于身高臂长、制霸内线，更在于他有很强的策应传球能力，他可以让队友更好地融入球队体系，并发挥自身作用。哈达迪是一名 NBA 级别的球员，此前曾效力于 NBA 灰熊队和太阳队，作为一名亚洲外援，其能力与作用已经超过了美国外援。再加上“邓哈哈”组合中另两位实力外援哈里斯、邓特蒙，因此他们能连克新疆队、广东队、辽宁队这三支 CBA 传统劲旅，夺得冠军。值得一提的是，哈达迪曾在 2014—2015 赛季代表青岛队与阿巴斯所在的山西队在季后赛正面交锋，那个赛季两支球队均有不俗的表现，常规赛分列联赛第四、第五名，最终哈达迪所在的青岛队 3∶2 淘汰了阿巴斯所在的山西队。可以预见，未来以阿巴斯、哈达迪为代表的亚洲外援群体，会在亚洲顶级联赛 CBA 中发挥更大作用。

“阿巴斯效应”的产生与 CBA 外援政策也有莫大关系。在之前的 CBA 外援政策中，上赛季联赛排名靠前的 CBA 球队只有两个外援名额，而上赛季排名倒数后五名的球队才可以请三个外援。对于两外援球队，一内一外是很多球队的外援标准配置。对于外线小外援，大多数会倾向于选择得分能力强的美国小外援，在内线也会选择强力内线中锋。阿巴斯得分能力并不突出，身体天赋也不足以胜任内线主力中锋角色，因此阿巴斯多数时候作为亚洲外援进入三外援球队。而一旦阿巴斯帮助球队打进了季后赛，球队就不再具备三外援资格，阿巴斯只得另觅他处。这也造成了阿巴斯六年进入不同 CBA 球队均率队打进季后赛的奇观。阿巴斯的到来对球队效果显著，同样他的离开对球队影响也会很大，比如 2012—2013 赛季，阿巴斯帮助山东队拿到了联赛亚军，第二年他离开山东男篮后，球队就没能打进季后赛。

## 第七节　辽宁男篮为何一直那么强？

辽宁男篮是中国篮坛一支传统劲旅，在全运会赛场上和 CBA 联赛中均有出色的战绩，为中国篮球培养输送了大批篮球人才。辽宁男篮是中国篮球少有的打团队篮球的球队，技战术打法特点非常鲜明，可谓独树一帜。

细数辽宁男篮的历史战绩。在全运会赛场，辽宁男篮曾四次夺得亚军，直到 2017 年第十三届全运会，才收获辽宁男篮历史上第一个成年组全国冠军。在 CBA 职业联赛中，辽宁男篮也数次与总冠军非常接近，之前有连续三年的“军辽争霸”均位列第二，后来在与广东队、北京队、四川队的总决赛交锋中，也遗憾与 CBA 总冠军失之交臂。直到 2017—2018 赛季，阵容齐整、实力雄厚的辽宁队，夺得了队史首座 CBA 总冠军奖杯，全运会赛场和 CBA 联赛均强势夺冠，也让辽宁队一时风光无限。而问鼎中国篮坛之前，辽宁男篮一直是中国篮球一支不可忽视的力量，即便是遭遇大面积伤病、外援不到位等不利情况，依然能打出不错的战绩，在面对中下游 CBA 球队时更是经常能打出压倒性的优势。辽宁队人才济济，球队可用之人非常多，辽宁男篮几乎清一色是辽宁本土球员，辽宁队本土球员往往能通过几年比赛的磨砺后，成为俱乐部主力，甚至进入国家队。从辽宁走出去的球员更是不胜枚举，据不完全统计，CBA 赛场辽宁籍球员占所有球员的 1/6，辽宁队也被称为中国篮球的兵工厂。辽宁男篮为何能任中国篮球岁月轮回，始终保持在强队之列，一直有问鼎总冠军的实力呢？

辽宁队的强大除因为辽东子弟自古骁勇善战，以及辽宁完善的篮球青训机制外，主要得益于辽宁队鲜明的技战术风格。辽宁男篮是打团队篮球的典型代表，可用“小快灵”概括辽宁男篮的风格特点。虽然辽宁男篮球员不是CBA球队中最高大强壮、个人技术最突出，但都非常灵活，移动速度快，基本功扎实，战术执行力强，防守意识好。在进攻上，辽宁男篮有很强的战术纪律性，球员传接球流畅，配合默契，不过分依赖球员的个人能力单打独斗。球员能很好地执行教练的战术意图，通过耐心传球、突破、跑位找到空当，为最有把握的点创造轻松得分的机会。

辽宁男篮是一支非常强调防守的球队。辽宁男篮坚韧的防守是他们能在CBA赛场风云变迁中，不管对手引进了多么优秀的外援，依然能限制住对手，赢下比赛的根本。从辽宁男篮的赛后采访中，也能看出辽宁队对于防守的重视程度。带领辽宁队连续夺得全运会和CBA双料冠军的国家队前主帅郭士强，在赛后采访中会着重总结球队在防守端的表现。比赛赢了，郭士强会肯定球队对比赛的准备非常充分，比赛中对于对方重点人的限制比较成功，防守强度保持得很好；比赛输了，他则会首先批评球队的防守，比如说队员注意力不够集中，防守不够积极。由于辽宁队球员并不占据身体天赋的优势，他们主要依赖整体防守，脚步移动非常快、取位合理。辽宁队的防守犹如棉花糖，很有张力，让对手很难觅得轻松投篮的机会，仓促出手只会让命中率大幅下降。此外，辽宁队非常擅于运用不同的防守策略，比如区域包夹、全场紧逼、盯人防守与联防的不停切换，让对手应接不暇。辽宁队各种防守策略能取得好的效果,也依赖于球员良好的整体防守意识及出色的体能作为保证。

辽宁男篮是CBA中足球式篮球球队的代表,严密且有张力的防守、流畅犀利的进攻配合、快速多变的打法、良好的战术执行与体能是辽宁男篮的特点。可以说,辽宁男篮是CBA赛场最接近欧洲足球式篮球的球队,只不过相比于欧洲球队,辽宁队也兼具亚洲球队的灵活移动与细腻技术。辽宁队为何能自成一派,打出符合现代篮球发展趋势的足球式篮球呢?别忘了,辽宁省一直是足球传统强省,20世纪末至21世纪初,大连实德曾创造中超八冠王的伟业,拥有绝对的统治力,现在虽然已经取消注册,但辽宁省仍持有一个俱乐部参加中国的顶级足球联赛的资格。除职业联赛外,辽宁的业余足球也非常火爆,仅大连市就活跃着几千支业余足球队,有完整的业余足球联赛体系。辽宁省也为中国足球培养输送了大量的足球人才。可以说,相比篮球,辽宁人民对于足球的爱有过之无不及。正是在这样的足球沃土中,辽宁男篮球员从小受到足球运动的熏陶,从而打出行云流水的足球式篮球,辽宁男篮也一直在坚持和发扬自己业已成型的技战术打法。辽宁球员直接或间接地受过足球运动的影响,比如辽宁男篮队长杨鸣早年就酷爱足球,直到13岁时,他发现自己的天赋在篮球上面,于是改打了篮球;辽宁队的刘志轩也有很棒的足球技术,但是因为长得太高,不得不放弃足球运动,选择了篮球。

擅于打足球式篮球,让辽宁队盛产优秀后卫。后卫线曾一度是中国篮球的短板,中国后卫们往往进攻组织单调机械,让中国队空有突出的身高优势和外线射术,却难以打出高质量的进攻配合,在与欧美强队对抗时，后卫的劣势更加明显。然而有一支球队——辽宁队，却一直为中国男篮奉献着优秀的组织后卫。从20世纪有“亚洲第一控卫”之称的李晓勇、吴庆龙和郭士强等功勋球员，到新生代的“张三疯”张竞鹏、杨鸣、郭艾伦、赵继伟、“小韦德”孟铎等，以及从大学联赛走出的曾令旭、罗旭东、史鸿飞、高诗岩、原帅、冯欣等，辽宁系的控卫几乎占据中国顶级后卫的大半壁江山。其中辽宁传奇后卫张竞鹏，也被马布里称赞为“CBA最强本土后卫”，他是辽宁男篮在2007—2008赛季时隔九年再次进军总决赛的一大功臣。张竞鹏的三分射术尤为精湛，曾夺得CBA全明星赛三分王，2008—2009赛季他是CBA唯一一个“190俱乐部”成员，其中三分球命中率为47%。从2012赛季开始，作为一名“老将”，张竞鹏先后效力于新疆队、北京队、山东队，都是球队轮换阵容的重要成员，在山东男篮他是主教练最可信赖的后场球员，很多场次更是几乎首发打满全场。

辽宁男篮能培养出众多优秀的后卫球员与辽宁浓厚的足球氛围有很大关系。对足球式篮球的控卫来说，传球是第一要务，眼中并不是只有篮筐，拿球后他们会第一时间寻求与队友配合，为队友创造机会。足球式篮球控卫往往有扎实的控球基本功，有良好的传球视野、大局观，在高强度的攻防对抗中，依然能掌控大局，动作速率快，而且合理，不拖泥带水。传球时机拿捏得当，传球手法犀利，充满想象力。在完成进攻组织以外，足球式篮球控卫也多具备良好的个人得分能力，出现空位时有很高的命中率，保持进攻威胁。比如辽宁男篮的前队史助攻王杨鸣，不仅组织传球功夫一流，而且有很高的中远投命中率，擅于高手抛投、急停跳投，经常客串得分后卫。在防守端,足球式篮球控卫亦能参与到球队整体防守中。应该说,足球运动对各个位置的球员的能力意识要求大体相似,而且在崇尚全攻全守的现代足球中,球员位置区分越来越模糊化。因此,无论足球式篮球运动员所受到的影响来自足球场的哪个位置,都不会影响他们改打篮球后成为出色的篮球控卫,有良好的传球意识和能力。比如刘志轩就是球队的多面手,经常根据需要被教练安排打一号位、二号位、三号位的不同位置。

分析为什么辽宁队的第四节"惹不起"。辽宁男篮是 CBA 的传统强队,很多其他球队面对辽宁队时也会铆足了劲,要与辽宁队"掰掰手腕"。很多场次中,在前三节,辽宁队在场面和比分上可能并不占优,但是在决胜的第四节,辽宁队往往凭借压迫式防守、潮水般进攻扭转乾坤,反超比分,一举拿下比赛。尤其是 CBA 实行末节单外援(三外援球队,末节双外援)后,辽宁队本土球员强的优势更加被凸显出来。辽宁队能屡屡上演绝地反击的逆转好戏,除了与辽宁队的血性斗志有关,在技战术层面,也有其必然因素。辽宁队的最大优势就是节奏快,战术变化丰富,擅于在高对抗、快节奏的转换中完成进攻防守。很多比赛中辽宁队的攻防节奏,明显高出 CBA 其他大多数球队不止一个档次。当他们在前三节只是拿出"正常"的节奏跟其他球队对抗时,其他球队则是已经拿出百分百的状态和体能才勉强跟上节奏,或者建立些许优势。而当第四节,辽宁队发力打比赛时,瞬间将比赛节奏提升一个等级,对手体能早已跟不上,加之辽宁队多变的战术也让对手应接不暇、无从招架,最终败下阵来。辽宁队的比赛节奏明显超出其他 CBA 球队正是来源于足球运动。足球运动是 90 分钟全场高强度、快节奏的对抗,对足球运动的理解和借鉴,让辽宁队很自然地做到了这一点。

辽宁队在第四节经常使用全场紧逼战术,在前场就展开近乎疯狂的逼抢,也被称作“撕咬式防守”,双后卫给予对方持球人极大的压力。对手一旦手忙脚乱,出现失误,辽宁队球员就可以快速反击,轻松取分,一波逼抢加反击下来,就可以瞬间反超比分,甚至带走比赛。辽宁队的全场紧逼战术与足球的全场压迫防守、就地反抢是一个道理。足球比赛不像篮球比赛有24秒进攻时间限制,落后的一方要逆转比赛,就必须全力抢得球权,才能发动进攻,否则球一直在对手脚下。因此,落后方球员会给予对方持球者很大压力,比如多人逼抢,甚至不惜付出犯规代价。辽宁队的双后卫逼抢对方持球者屡屡奏效,辽宁队的双后卫战术也被移植到了国家队。在2015年亚锦赛的很多比赛中,都依靠辽宁队“后场双星”郭艾伦、赵继伟的活力与体能,对对方控卫进行攻击性很强的防守,让对手体能消耗巨大,无法组织有效进攻,有时更是失误连连,让中国队一举奠定比赛胜局,首场同韩国队的大逆转中,这一点体现得淋漓尽致。

随着赛季的深入,辽宁队的这种快节奏、强对抗的打法会越发纯熟,队员也会越来越适应。这表现在,球员失误减少和命中率提升,节奏变化、战术执行更加随心所欲、驾轻就熟。此外,外援也会更加融入球队的战术体系,让球队的进攻防守都再上一个层次。与之相反,很多CBA球队赛季前操练几个月的球队体系,已经被外援过多的单打独斗破坏得支离破碎,球队越来越依赖外援的个人进攻,而其他国内球员越来越不会打球。尤其是赛季进行到后半段,球员大多已经很疲劳,很难投入太多体能和注意力应对某一场比赛,当面对风格迥然不同的辽宁队时,很难有招架之力。不过与辽宁队的比赛,对其他球队都是一次难得的学习锻炼机会,这就是所谓的“鲶鱼效应”。与辽宁队比赛,如果能战而胜之,自然是对球队士气的巨大鼓舞;反之,也算是体验到了现代篮球的一堂优质课,学习如何打出快节奏、高强度的攻防。很多CBA球队打完辽宁队后,即便输掉了比赛,在之后的几场比赛中也往往能在表现上有很大起色,因为与辽宁队的对抗逼出了球队最强的状态,在面对其他对手时经常能占据上风。辽宁队是一个靠整体打球的球队,并不会过分倚重个别球员的发挥,球队替补球员,也能在球队成熟的体系中,打得风生水起,做出贡献。于是我们看到,当辽宁队有大面积伤病或外援状态不佳时,球队战绩也很稳定,这也是辽宁队这些年始终保持在强队之列的重要原因。

补强了锋线活力,让辽宁男篮终圆CBA冠军梦。2017年之前,辽宁队虽然很长时间位居CBA豪强之列,但一直未能问鼎CBA总冠军,不能不说是一个巨大遗憾。事实上,1995年CBA成立以来,辽宁队曾六次晋级CBA总决赛,但均与总冠军擦肩而过。究其原因,辽宁队整体打法虽然先进成熟,但球员个体实力略有不足,尤其是缺少优秀的锋线球员。要赢得CBA总决赛,球队之间比拼的不仅是整体实力,也考验球员个人的攻防实力,特别是最后的关键时刻,往往就是靠一两位球星的发挥来决定比赛胜负。辽宁队球员基本都是本省球员,限制了选材面,难以获得个人技战术、意识、天赋俱佳的巨星级球员。同时,辽宁队的打法非常强调球员的移动速度和体能,这也让球员虽然脚下灵活,但身高和身体对抗不占优,个人一对一单打能力不足。在进攻方面,足球式篮球运动员多为体系型球员,进攻中给予锋线球员自主发挥的机会和空间都不多,也就难以充分打磨他们的个人进攻技巧。而且进入决赛的队伍，除本身已具备很强的实力外，他们也经历了前两轮激烈的季后赛的洗礼，已经适应了异乎寻常的甚至是惨烈的高强度攻防对抗。因此，决赛再遇辽宁队时，对于辽宁队的默契，快节奏的进攻，压迫性强、变化多的防守，就不会茫然无措，能较好应对，此时球队本身硬实力的优势就能发挥出来。比如2016年夺冠的四川队，以及2017赛季4：2淘汰辽宁队的新疆队。2017—2018赛季，辽宁队签下了前NBA球星巴斯，在大前锋位置上为辽宁队提供了很强的火力支持，加之本土最强中锋韩德君的存在，让辽宁队内线笑傲全联盟。外线则有曾帮助广东队夺冠的哈德森的稳定火力输出，以及有鲜明美式控卫特点的郭艾伦，让辽宁队的自主得分能力大大增强。辽宁队也因此能在比赛陷入胶着时，依然可以凭借强大的个人能力打开局面，占得优势，并最终赢下总冠军。

细数CBA另一支豪强球队广东男篮与辽宁队的渊源。CBA辽宁籍的球员、教练在很多球队中都发挥着关键作用，而最成功的莫过于曾率领广东队创造“宏远王朝”的李春江。2018—2019赛季，广东男篮战胜新疆男篮，第9次夺得CBA冠军，超越八一队，成为CBA历史上夺冠次数最多的球队。广东男篮也是国手大户，队中的主力球员也大多能入选国家队，在国际赛场取得不错的战绩。巅峰时期，广东队强硬的防守、默契的团队配合及犀利的反击一直是制胜的最大法宝，很多比赛，也许前三节对手还能勉强周旋，但是当第四节广东队提高了防守强度后，就能瞬间扭转局势，进而锁定胜局。用郭士强教练的话说，就是“广东队无论是在打法上还是在一些数据上都与辽宁队非常相似”。广东队的前任主教练李春江是辽宁人，球员时代是“83”版辽宁黄金一代的核心球员、辽宁队首发小前锋，球风强硬，篮球智商高，大局观出色，三分球精准。从辽宁队退役后不想离开篮球，选择南下广东继续他的篮球梦。2001 年接替张勇军出任广东男篮主教练，他显然将辽宁男篮一些精华的东西带到了广东队。此外广东队主力阵容中也不乏辽宁籍球员，比如三分神射手王仕鹏，防守悍将周鹏。2017—2018 赛季，辽宁队在季后赛半决赛中以 4 ∶ 1 击败了夺冠最大的竞争对手广东队，时隔一年再度进军 CBA 总决赛，赛后广东队队长周鹏也慷慨地向对手送上祝福，祝愿辽宁的老乡给辽宁带回一座总冠军奖杯。

九年八冠期间的广东男篮，也许对于足球式篮球运用的熟练程度，尚不及辽宁男篮，但是广东男篮在球员天赋、个人实力方面则要远胜辽宁队。广东队国手云集，队中的杜峰、易建联、朱芳雨、王仕鹏等球员都是天赋异禀、能力出众的国内顶尖球员。在很多比赛陷入僵局时，这些球员往往能凭借个人能力，单枪匹马在进攻端连续得分，打开局面，乃至主宰比赛。广东队这样一支兼具成熟球队体系又有良好个人能力的球队称霸中国篮坛也就不足为奇了。这些年，“小球风潮”在 CBA 越来越盛行，包括广东队、东莞队、北京队、浙江队等，进攻节奏越来越快，也都更加重视整体防守，其中辽宁队对中国篮球技术潮流的引领带动作用是不容忽视的。同时，辽宁队的典型足球式篮球的打法，对中国男篮国家队如何在国际赛场应对高强度的比赛，打出快节奏的攻防，提高进攻质量等也具有很大的借鉴意义。

这些年，辽宁男篮在各项赛事中取得了辉煌的成绩，也受到了辽宁球迷的欢迎和追捧，但辽宁人民也不能减弱对足球的热爱和投入，因为那是辽宁篮球赖以进步和保持强大的根本。显然这种担忧是多余的，事实上，辽宁的足球氛围一直很火爆，辽宁足球也是中国足坛一支非常重要的力量。

## 第八节 足球式篮球是符合国情的篮球发展道路

橄榄球式篮球和足球式篮球(或者叫美式篮球和欧式篮球)代表了当今主流的先进篮球技战术打法。中国篮球要想真正在技战术理念上跟上现代篮球的潮流,成为世界篮坛有竞争力的队伍,就必须要选择其中一个技术路线。改变以往中国篮球缺少鲜明技战术风格,打法不伦不类,风格摇摆不定的状况。不论要打出高水准的橄榄球式篮球还是足球式篮球,都需要有国内良好的橄榄球或足球运动作为基础。

然而,橄榄球式篮球并不适合中国篮球现状。毫无疑问,不管是英式橄榄球、澳式橄榄球,抑或是美式橄榄球,都值得在国内大力推广。参与这些不同种类的橄榄球运动,都能显著提升参与者的身体素质和技战术素养,特别是对力量、对抗、体能、速度、冲击力等方面帮助很大。但是,中国橄榄球运动的基础目前还很薄弱,除在山东、香港等地有较好的橄榄球群众基础外,其他地方很难寻觅到橄榄球运动的踪迹,而且中国人对于"肌肉棒子"们直接激烈的冲撞对抗似乎并不感兴趣。缺少橄榄球运动的基础,也就意味着中国篮球不适合走橄榄球式篮球技术路线。中国篮球运动员很难通过有限的美式篮球训练和交流比赛,学会真正意义上的橄榄球式篮球,顶多在打法套路上类似,但又缺少橄榄球式篮球所需要的强悍身体素质和个人能力等。与之相比,很多美国的青少年球员并不是只专注于篮球项目,也许当他们打完了篮球比赛,会立即去准备下一场橄榄球比赛,或者棒球比赛。也就意味着,他们可以很自然地从橄榄球等其他项目中汲取有益的东西,并在身体各项素质上得到很大提升,美国国内浓厚的橄榄球运动氛围显然是中国国内所不具备的。

事实上,由于 NBA 在中国广受欢迎且有很大的商业影响力,NBA 的超级巨星们在中国有巨大的粉丝群体,他们的打球方式也被中国的青少年竞相模仿。在 CBA 中,每年也有大量的美国外援发挥球队进攻核心的作用,中国篮球受美国橄榄球式篮球影响很大。现阶段,中国篮球的打法也更加趋近于美式篮球,即球员有不错的身体天赋和得分能力,打法上主要依靠球员的个人能力,防守上基本也能做到积极凶悍。但相比于真正的美式篮球,中国篮球与之的差距也非常明显,这从中国篮球在世界大赛中与世界强队交手时难以逾越的实力差距就能看出。中国球员,无论是身体素质、得分能力还是技战术执行力等都难以与美国通过完善的体系层层选拔出来的、久经沙场的明星球员相抗衡。而且由于国内缺少相应橄榄球运动的基础,中国球员也不具备橄榄球式篮球运动员的攻防转换中的速度、强硬的单兵防守、力量对抗、冲击力、体能及斗志决心等。不过,这些可通过赴美打球或训练、学习美式篮球的打球理念和训练方法得到一定程度的提高。凭借中国庞大的选材面和职业化的 CBA 联赛的历练,中国篮球也能选拔和培养出个别有较高水平的篮球运动员,即能达到 NBA 边缘水准的球员,而像易建联这样天赋极其出众、得分能力很强的球员则可以稳定地进入轮转阵容。在原有的人才培养模式下，考虑到中国篮球缺少成熟的技战术打法，为数不多的有较高水准的球员显然不足以帮助中国篮球在世界大赛中走得更远。

因此，足球式篮球是中国篮球的最佳选择。足球运动在中国的普及程度显然要比橄榄球高得多，中国足球队在很长一段时间内，都是亚洲的一支劲旅。全国上下一直都非常关心和热爱足球运动，每逢大赛更是如此，关于足球的话题更是能点燃球迷的激情。中国有亚洲最具影响力的足球职业联赛之一的中超，在引援方面，各俱乐部一掷千金，吸引众多大牌球星加盟。此外，中国也非常重视基层足球的普及开展，这些年校园足球开展得如火如荼，足球成为增强中国青少年体质、培养团队精神的重要手段。较好的足球运动的基础，是中国选择足球式篮球道路的先决条件。此外，中国过往也实践过接近足球式篮球的技战术打法，取得了不错的效果。20 世纪钱澄海教练曾带领中国男篮打出“小快灵”打法，让中国男篮在面对欧美强队时也经常不落下风。在职业球队方面，CBA 的辽宁队是足球式篮球打法的代表，巩晓彬、刘炜是中国足球式篮球运动员的成功典范。从身体条件来看，中国球员相比欧美球员在力量对抗、身体素质方面并不占优势，但中国球员更加机动灵活，头脑聪明，适合快速灵活多变的足球式篮球打法。

推广普及足球式篮球，有望让中国篮球迎来整体质的飞跃。不同于当下中国篮球只有极少数的高水平球员冒出，如果中国的篮球运动员能及早接受足球式篮球的系统训练，并参加足球式篮球的高水平比赛,中国将会出现一大批有较高水准的球员。这些球员无论是身体机能、打球速率、技战术素养,还是把握机会的能力、创造力等都将比以往有显著提高。而其中非常优秀的球员,比如姚明、易建联这样的天才球员,将有机会进入世界篮球最高殿堂NBA,得到进一步历练,并展示中国篮球的实力和风采。经过NBA的锻炼,提升中国球员的个人进攻手段、防守能力和比赛经验后,加之中国篮球的足球式篮球的打法届时会愈发成熟,中国篮球也将真正成为在世界篮坛有竞争力的重要力量,并有机会在世界大赛中向更好名次发起冲击。对于未经历职业联赛的青少年篮球、校园篮球等方面,得益于中国篮球巨大的选材面和中国对于篮球项目的重视程度,坚定走足球式篮球技术路线的中国篮球青训系统也有望培养训练出一波又一波有较强实力的青少年球员,他们也将在各种青年级别的比赛中不断给中国球迷带来惊喜和成绩突破。

中国篮球要打出高水准的足球式篮球,需要球员先打下扎实的足球功底。走足球式篮球的技术路线,显然不是聘请一两位欧洲的打先进足球式篮球国家的教练就能万事大吉了。2013年,中国男篮国家队曾高薪聘请希腊篮球名帅扬纳基斯做主教练,但是带队表现却不尽人意,仅获得2013年亚锦赛第五名,未能获得首届男篮世界杯(前世界男篮锦标赛)的参赛资格。毫无疑问,扬纳基斯的执教理念是非常先进的,他曾率领希腊男篮击败美国梦七队,打进2006年男篮锦标赛决赛。扬纳基斯执教中国男篮表现不尽人意,除带队时间较为仓促外,还在于中国球员的能力水平、技战术意识等达不到欧洲名帅扬纳基斯的要求,形成了反作用,相互掣肘,让已经全力以赴的中国男篮表现仍远不及预期。中国篮球要打出成熟的、高水准的足球式篮球,归根结底还是需要球员本身具备打足球式篮球的良好身体机能和技战术能力素养等扎实基础,而做到这些最直接有效的方式就是亲身参与足球运动。

通过踢足球来打好足球式篮球的基本功并不宜浅尝辄止。纳什、巩晓彬这些优秀的足球式篮球运动员,早年都曾刻苦训练足球技术,并且具备了代表各自国家参加足球世界大赛的能力,可见他们的足球水平已经相当之高。高超的足球技艺让他们转打篮球时,能短时间就掌握各种篮球技术,并很自然地将踢足球的比赛方式、习惯、节奏等运用于篮球运动,从而进步飞速,短时间就展露出很高的篮球方面的天赋和竞技水平。中国篮球运动员从小也应该接受系统专业的足球训练,并且要参加各级争夺激烈的足球赛事,来充分打磨各种足球技术,培养技战术意识,挖掘身体潜能,适应快节奏、高强度的比赛。等到一定年龄,比如十五六岁,球员已经充分适应了在发育后的身高体重下完成各种足球技术动作和比赛对抗,有足够的身体灵活性和技术使用合理性后,再去挑选那些有篮球天赋、好胜心强、敢于表现自我的球员去专项练习篮球。如此一来,中国的篮球青训系统将源源不断地培养出在世界范围真正有竞争力的球员,并帮助中国篮球获得跟自身庞大的篮球体量和重视投入程度相对应的成绩和地位。

革新篮球人才培养理念,走足球式篮球的技术路线需要较长的过程。眼下,还可以通过其他的一些做法来倡导、推广足球式篮球。比如,在 CBA 联赛要限制美式外援的使用,减少 CBA 球队在进攻得分上对于外援的过度依赖。在引援方面,应该引入更多欧洲或西亚的外援,帮助中国球员更好地学习领会和运用欧式团队的篮球打法,而不是一味钟爱得分能力强的美国外援。当然,这些年 CBA 联赛在限制外援方面,已做了很多工作,也取得一定的成效,比如首节、第四节单外援政策。中国的媒体也应该更多地转播欧洲的联赛,尽管欧洲联赛的比赛时间比较晚,往往是中国的深夜,很难进行直播。未来,除了 NBA,也应该有更多的中国球员去欧洲打球,提高技战术素养、技术动作运用合理性等。若要寻求最直接有效的培养足球式篮球运动员的方法,或许可以对篮球青年队的球员,组织半年以上的足球专项训练,并且和各级足球俱乐部交流比赛,让这些球员感受足球运动的快节奏、强对抗,提高配合意识和技术细腻程度。再聘请欧洲的知名青训教练,灌输欧式篮球打法。这样,就能在较短时间内让球员初步掌握和运用先进的足球式篮球打法。不过,要持续提高,还需要球员经常参与足球运动、观看高水平的足球比赛,打更多的足球式篮球的比赛。

在国家队建设上,应该重用辽宁队的球员及其他具有较高欧式团队篮球技战术素养的球员,他们的存在会提高国家队在世界大赛中的战术执行能力,提升运转球的流畅度。国家队在集训备战期,也应该更多地与欧洲、南美等足球式篮球强队交手过招,适应 FIBA 比赛的打球速度和对抗强度。为有效提高团队配合技战术意识、传球能力、柔韧性、协调性、打球速度、动作连贯性等,中国篮球运动员不妨在休赛期参加一些足球的训练和比赛,就像纳什在休赛期所做的那样。或许,最直接有效的培养足球式篮球运动员的方法就是,从年轻足球运动员中挑选那些身材高大、运动能力突出的球员改练篮球,比如守门员或高大的后卫、中锋球员。也许,很快就能为国字号球队培养输送一批潜力新秀。

对有志于在篮球方面长期发展的中国低龄球员来说,不应该过早地进行篮球训练或打一些篮球比赛,如果只是为了娱乐健身、培养兴趣爱好那就另当别论了。当下中国尚缺少足球式篮球的底蕴,加之基层教练的篮球理念差别很大,过早接受篮球训练,容易养成不良的打球习惯,这不利于他们以后参加专业的高水平五人制篮球比赛。而且纯粹参加篮球训练和比赛并不能很好地挖掘球员的身体潜能、培养球员的技战术意识、动作速率、打球合理性等。在足球式篮球尚未普及的情况下,中国的青少年应该从小先练习踢足球。客观上说,对于10岁以下的小孩子来说,篮球太大了,篮筐也太高了,打篮球过于吃力,也难以起到很好的锻炼提升效果。与之相比,踢足球就非常合适,追着球奔跑,也符合儿童的天性。在足球运动发达的国家,从几岁开始,进行足球运动启蒙也非常普遍。当中国篮球具备了欧洲、南美洲、亚洲的日本等国家的浓厚足球式篮球氛围,且基层篮球教练也具备良好的足球式篮球执教理念方法后,即形成了足球式篮球的文化后,此时中国的青少年可以更早地开始篮球训练。就像吉诺比利、东契奇那样,他们身处主打足球式篮球的欧洲、南美洲,尽管他们没有明确参加足球训练的经历,但他们从小接受的、看到的训练方法、打球方式、参加的比赛等都是有鲜明足球式篮球特征的,因而帮助他们养成了正确的打球习惯。同时及早接受篮球训练，也让他们的个人技术更加细腻且全面，很早就展现出了巨星的潜质，并在NBA取得了成功。

从以上讨论中可以看出，中国篮球想真正迎来竞技水平和成绩上的不断突破，有赖于足球运动在中国的开展普及和繁荣。因为，无论是让中国更多的青少年及早接受专业系统的足球训练，还是参加更多高水平的足球赛事，都需要中国有完善的足球青训体系。但这不是在用一个悖论解决另一个悖论吗？中国足球一直是中国的一个老大难问题，全国上下、各个行业的人无不期望中国足球能崛起壮大，走出泥潭，冲出亚洲，走向世界。足球领导部门也出台很多支持中国足球发展的政策措施，足球从业者豪掷巨资，但中国足球始终未见大的起色。如何通过足球的普及发展带动中国篮球变得更强大，并称霸亚洲、闪耀世界呢？值得庆幸的是，笔者早在数年前就已完成了中国足球的发展规划，并已整理成书，其中包含《中国足球崛起之路——中国大学生足球冠军联赛》等文章，是符合中国国情的很好的发展举措。中国足球改革需要牵扯到教育制度改革，书中对此也有涉及。如能实施，不仅能解决中国足球发展停滞不前的问题，也能促进中国篮球发生由大变强的质变。